メカニズム展開で開発生産性を上げろ

品質と設計根拠が「見える」「使える」「残せる」

伊藤朋之
笠間稔　——著
吉岡健

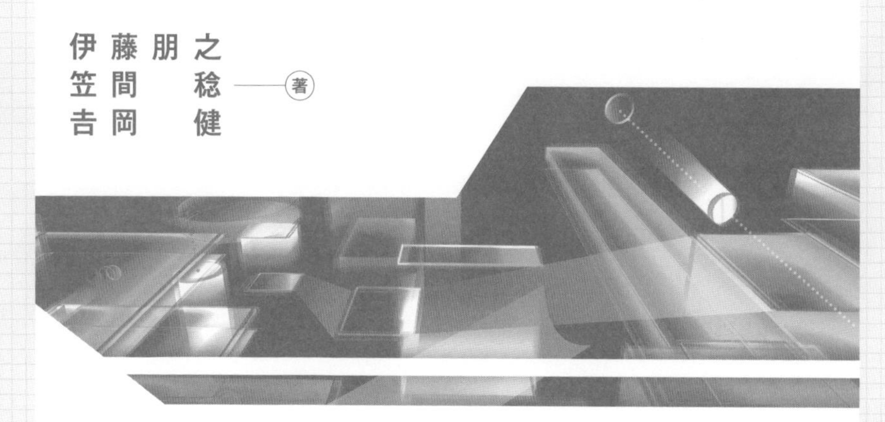

日刊工業新聞社

はじめに

本書を手に取っていただきありがとうございます。タイトルを見て、「メカニズムを展開すると開発生産性が上がるのか？　どうやって？」と思われたかもしれません。開発、生産での品質トラブルが、いろいろな工夫をしてもなくならず、悩んでいる技術者は多いと思います。その根本的な原因は何でしょうか。クリアに見通せていたはずの技術が、時を経て世代を渡ることで気づかないうちにあいまいになり、ずれが起こり、さまざまな抜け漏れが生じていることではないでしょうか？　技術に対する理解がそもそもあいまいなまま、というところもあるかもしれません。

そのような問題を解決するために王道はなく、技術の成り立ちをしっかりと見える化し、技術資産と紐づけて残し、活用できるようにしなければなりません。そうすることで、技術者間の円滑なコミュニケーションができ、自信を持って品質を確立でき、次の世代に技術を伝承することができるようになります。

多様で優秀な人材とその技術力を背景として企業が継続的に発展していくためには、AIなど情報技術だけに任せてはいけないと私たちは考えています。ここで言う「技術の成り立ち」とは、設計と品質の間の因果関係、すなわち品質の「メカニズム」です。メカニズムをしっかりと「見える」「使える」「残せる」ようにし、品質をもたらす設計根拠を明確にして、開発・生産を進める風土を作ることによってこそ、本質的な問題の解決が可能になります。

本書は、当時、複写機・プリンターメーカーである富士ゼロックス株式会社の解析技術を研究開発していた3人がリードし、品質トラブルの未然防止に向けて悪戦苦闘し、仲間たちとともに構築してきたTechnology Data & Delivery Management（本書ではTD^{2}Mと略します）という仕組みについて記述したものです。ここで言う「仕組み」は、単にITシステムではなく、ツール、ルール（ツールを活用する手法）、ロール（システムを活用するためのファシリテーターなど）がセットになった人とITが協調するシステムと言えます。

このTD^{2}Mは、著者の一人である伊藤が約十数年前にシミュレーション技術者としてある重要な部品の技術開発に参画した際に、すり合わせ開発時にトラブルのもぐらたたきを経験し、この部品を使用する重要商品が1年以上納期遅れになったことに端を発します。当時の経営層からは開発プロセス見直しの号令もかかりました。そんな中、部品開発リーダーのI部長と伊藤がたまたま近所に住んでいたこともあり、井戸端会議などを通じてトラブル未然防止に向けた議論をして、品質を発現する物理メカニズムを明らかにし、そのメカニズムを可視化・共有する新QA表という4軸表の考え方を確立しました。富士ゼロックスで昔からQA表と呼んでいた4軸表をベースに考案したものです。当初、I部長の部下を中心にMicrosoft® Excel[i]で新QA表を作成していましたが、編集や共有が難しく、その当時解析部門の責任者であった著者の一人である吉岡がI部長とともに専務に掛け合い、TD^{2}Mの原型となるシステムを構築し、部材、トナー開発部門や解析部門への展開を進めました。

またそれと並行して、技術資産をいかにして残して活用するかという議論も吉岡、伊藤を中心にした研究部門のプロジェクトで進んでいました。なぜ「ドキュメントカンパニー」を標榜する富士ゼロックスが、それも研究部門を中心に技術資産の活用を考えなければならなかったのか、不思議に思われるかもしれません。もちろん、富士ゼロックスは技術情報を蓄積・共有するためのさまざまな仕組みを提供しており、自分たちでも活用してきました。しかし、上記のような開発トラブルの解決に関わる中で、「あったはずの技術情報が見つからない」「共有できていなかったために見落とした」という現場を経験し、本当の意味で技術のコアになる情報、技術のメカニズムに関わる情報を残すには通常の仕組みでは難しいことに気がつきました。

問題の根底にあるのは、「何も考えずに放置した情報から優秀な検索エンジンが見つけてくれないか」「AIが上手くやってくれるのではないか」という技術に依存した思考停止だと考えました。それが、技術者が自らの意思を持って、未来の自分のため、組織のために技術資産を活用できるように残す、現在の技術ドキュメントアーカイバー（本書ではTDASと略します）につながっ

---

i　Microsoft® Excelは、米国Microsoft Corporationの、米国、日本およびその他の国における登録商標または商標です（日本語と英語）。

ています。

新QA表について当初は、ITツールをもってしてもやはり作成作業が煩雑であったこと、物理メカニズムを4軸で考えるやり方が手法として明確でなく、品質工学などの既存の手法と違っていたことなどから、部長から昇格したI執行役員配下の一部でしか普及しませんでした。このため、トラブル解析のために各部門で利用されていたFT（Fault Tree）図に着目し、そのFT図でメカニズムを記述して4軸表に展開するツールの開発、メカニズムを記述する手順の文書化（ルール化）を行って、メカニズム展開ロジックツリー（本書では、MDLTと呼びます）と名づけました。さらに、I役員の直下に伊藤を含めた推進部隊（ロール）を作り、R&D部門全体への社内教育（ツール）を行うなど、普及させる努力をしました。この結果、当初TD^2Mに懐疑的だった部門でも興味を持つ技術者が現れ、少しずつ活用が広まり、新QA表の「新」が取れてQA表と呼ばれるようになりました。

著者の一人であり、熱・流れ・振動などの解析技術者であった笠間も、当初このTD^2Mに懐疑的なメンバーでした。しかし、メカニズム展開ロジックツリーを作成するロジカルシンキングの作法が、自分がリードする解析に活用できること、解析を通じて明らかにしたメカニズムを説明する社内の共通言語にできたことから、手法の開発にのめり込んでいきました。今では、社内外へその考え方を伝道する中心メンバーになっています。

その後TD^2Mはシステムエンジニアリング部門の協力も得て、メカニズム展開ロジックツリーと4軸表（社内では現在でもQA表と呼んでいます）を行き来するメカニズムベースQFD（本書ではMB-QFDと呼びます）と、技術資産を蓄積活用してMB-QFDと連携させる技術ドキュメントアーカイバーをひとまとめにし、情報の共有やセキュリティの仕組みを持たせたシステムとなりました。伊藤が所属する推進部隊を中心に地道に普及活動を行った結果、なかなか解決できなかったトラブルの原因を特定し未然防止する、ベテランしかできなかった金型設計に対してトラブルの原因を明確化し短納期化するなどの成功事例も出てきました。

最近、富士ゼロックスの技術者の多くは4軸の考え方を用いて議論をします。「2軸はわかっているのか？」「それって4軸-1軸になっていないか？」という具合に4軸が部門、世代を超えたメカニズムの共通言語になっているのです。やっとR&D部門への普及が始まったとも言えます。振り返ってみれば、課題解決の源泉は情報技術ではなく、人が考え、コミュニケーションするための仕組みを持つことによる、知恵の創出、可視化、共有だったと思います。

長々と経緯を説明してきましたが、本書では私たち3人が仲間とともに10年間かけて培ってきた、ちょっと変わった富士ゼロックス流のロジカルシンキングの極意を、事例などとともに紹介していくものです。

この本は、欲張って、品質問題撲滅に取り組むマネージャー、開発や生産技術の現場で品質問題解決に取り組む技術者、両者に役に立つ内容としました。富士ゼロックスがなぜ、この課題に取り組んだか背景から知りたい方は、第1章から順に読み進めることをお勧めします。メカニズムベースの開発手法やツールに興味のある方は、第2章からテンプレートを紹介する第4章もしくは第5章まで読まれ、技術開発で機能設計する際や、さまざまな現場で起きた品質トラブルを解決する際に、ハンドブックとして活用していただければと思います。この他、AIやIoTなどの新しい技術や、FMEAや1DCAEなどの手法を用いてプロセス改革を実践している方は、第6章から第8章を中心に読んでいただき、新たなヒントを得ていただければと思っています。この本が、読者の開発設計や生産業務の課題解決に少しでも貢献できれば幸いです。

TD^{2}Mを作り上げ、社内やお客様への普及を推進してくれた富士ゼロックスの研究開発や営業、SEの関係者、この本の執筆を支えてくれた家族に心から感謝します。

2021年1月15日

著者一同

メカニズム展開で 開発生産性を上げろ

品質と設計根拠が「見える」「使える」「残せる」

目　次

第1章 製造業共通の困りごと

第2章 メカニズムに基づく設計根拠の記述

第3章 活用の方法と事例

第4章 現場課題解決のテンプレート：設計問題編

第5章 現場課題解決のテンプレート：生産編

第6章 品質課題に対する各種手法との連携

第7章 デジタルトランスフォーメーションに向けた取り組み

第8章 ツール、ルール、ロール：人とITが協調するシステムによる働き方改革

第1章

製造業共通の困りごと

真のプロフェッショナル、玄人とは「見えないところ」が見えている人。

田口 佳史[1]

1.1 日本品質の危機

20世紀には、自動車、家電、鉄鋼業、食品など日本が作る製品や素材は“日本品質”“Japan Quality”と呼ばれ、他国の製品に比べて安心・安全・高品質という事実を世界的に認められていました。ところが、21世紀に入ってエアバッグの異常爆発やトラックのタイヤ脱落、鉄鋼素材の検査不良、食品への異物混入など次々に大きな品質問題が発生し、経営に大きなインパクトを与えた例も多くあります。

日本品質実現のキーワードとして「すり合わせ技術」があります。「すり合わせ技術」は、製品を構成する部品や材料を相互に調整することで、本来の性能が発揮されること[i]と定義できます。各日本企業は「デザインレビュー」「カイゼン」「QC」などの仕組み・手法を導入し、「すり合わせ」能力の向上を組織的に強化してきました[2]。

自動車など「すり合わせ」が多い製品において、なぜ、**大規模な品質問題が起こってしまった**のでしょうか？　富士ゼロックス[ii]で設計・生産している複写機・プリンターも典型的な「すり合わせ」製品であり、ここでも納期遅れやお客様にご迷惑をかけてしまった品質問題が多かれ少なかれ起こっています。

設計現場にしろ、生産現場にしろ、常に改善や改革を進めてきたはずです。富士ゼロックスも2005年頃に中期経営構造改革の一環として、最新のITツー

COLUMN

東大ものづくり経営研究センターの製品アーキテクチャー

東大ものづくり経営研究センターの藤本教授は、「製品に要求される機能を、製品の各構造部分（部品）にどのように配分し、部品間のインターフェースをどのようにデザインするかに関する基本的な設計思想」を製品アーキテクチャーとし、以下の２つのタイプを定義しています[2]。

①「組み合わせ（モジュラー）型」アーキテクチャー：電気自動車やパソコンなど機能完結部品を標準インターフェースでつなげ、既存部品の寄せ集めでも製品全体が機能を発揮できる製品の設計思想

②「すり合わせ（インテグラル）型」アーキテクチャー：レシプロエンジン自動車や複写機など、製品ごとに部品を相互調整してカスタム設計（最適設計）し、製品全体の機能発揮のために各部品の最適設計化が必要となる設計思想

一般的に、組み合わせ型製品では、いろいろな製品に同じ部品が使用されるため部品メーカーが力を持ち、すり合わせ型製品では、完成品メーカーの力が強くなり、キー部品を内製化したり系列会社と共同開発したりすることが多くなります。

---

i　「すり合わせ技術は、ものづくり企業の強みか」粕谷茂氏より　藤本教授の製品アーキテクチャーに関する論文がベースになっていることを紹介しています。https://www.monodukuri.com/gihou/article/769

ii　2021年4月1日付けで富士ゼロックスは、富士フイルムビジネスイノベーション株式会社に社名変更します。

ルも導入しながら**開発・生産準備プロセス改革「デジタル・ワークウェイ」を推進**し、開発の手戻りを減らし、開発期間の短縮を実現してきました。しかしその後、重要な機能部品の開発で大きな納期遅れを出したり、主力複写機で紙送りの大きなトラブルが発生したりしました。次節では、富士ゼロックスの「デジタル・ワークウェイ」の概要を紹介するとともに、その施策をもってしても重大トラブルを撲滅しきれなかった原因を考察します。

1.2 富士ゼロックスの「デジタル・ワークウェイ」

富士ゼロックスのデジタル・ワークウェイでは、「開発生産力/効率の向上」に向けて、**「フロントローディング&コンカレント」を追求**し、3次元CADデータを設計から生産まで流すことに取り組みました。この3次元CAD情報を基盤に、設計支援ツール、シミュレーション、生産準備ナビなどから構成されるMethodology13[i]の重要施策に取り組み、「デジタル設計」「デジタル生産準備」「デジタル評価」を進めてきました。この結果、当時の小型から大型の複写機に対して、設計変更を6割削減し、開発期間も平均で4割減らすことができました[3]。

しかし前述のように、重要部品の技術開発や主力複写機の紙送り機構の開発など、デジタル・ワークウェイの効果を**十分に発揮できない領域**もありました。そのことを説明するのに、“3H”[ii]というキーワードが使われます。この“3H”はハ行から始まる「変化」「初めて」「久しぶり」の3つの言葉で、前述の開発トラブルとの対応で言うなら、重要部品の技術開発でのトラブルは画質を向上させる新しい機構に「初めて」取り組んだ例に、主力商品の紙送り機構のトラブルは「久しぶり」であり、かつ紙送りの搬送経路を「変化」させた例となります。

みなさんの会社でも、“3H”に該当する商品や生産技術の開発、製品や金

---

i　13種類の方法論とその方法論に対応するITツール群を当時展開しました。

ii　昔から言われている安全管理の標語です。

型、設備などの設計時に、大きな品質トラブルを経験していないでしょうか？

この問題の本質的な課題は何でしょうか？　富士ゼロックスでは、前述の商品開発のマネジメントレビューにおいて以下の課題を抽出しました。

人　　　：設計力の低下、技術力のばらつき

ルール　：設計根拠記述のばらつき、評価不十分

プロセス：チェックポイントレビューの形骸化、イベント化

Methodology13というツール群を展開してデジタル・ワークウェイをある時期にあるレベルで実現したものの、**IT中心では解決できない課題があると**いうことを示唆しています。

1.3 製造業共通の課題

富士ゼロックスの「デジタル・ワークウェイ」という開発・生産準備プロセス改革の課題、すなわち一時的には大きな成果を上げたが持続的に効果を上げられなかったことを、製造業共通の課題ととらえて紐解きたいと思います。この「デジタル・ワークウェイ」の事例では、設計、生産準備、評価の業務全般にわたって、従来の実機を中心としたアナログの働き方から、デジタルな働き方に変えることを目指していました。言い換えると今はやりのデジタルトランスフォーメーション（DX）に15年前から取り組み、プロセスイノベーションを目指していたと言えます。現在、R&Dの現場で働き方改革やDXに取り組んでいるにもかかわらず、十分な成果を上げられていない組織も多くあることが報告されています。なぜなのでしょうか？

一般に商品の開発は、競合と差別化するために技術を新たに研究したり既存の技術を改良したりする技術開発、各技術を組み合わせて商品として成立させる商品開発、工程や設備を設計し商品を生産可能にする生産準備から構成されます。技術の発展が著しい時代には、要素技術の開発が完了してから商品開発をスタートする「シリアル開発」が一般の開発形態でありました。しかし、近年は商品サイクルの短期化に伴い、技術開発の完了前に商品の開発が始まり、商品開発が完了する前に生産準備が行われる「コンカレント開発」が常態化し

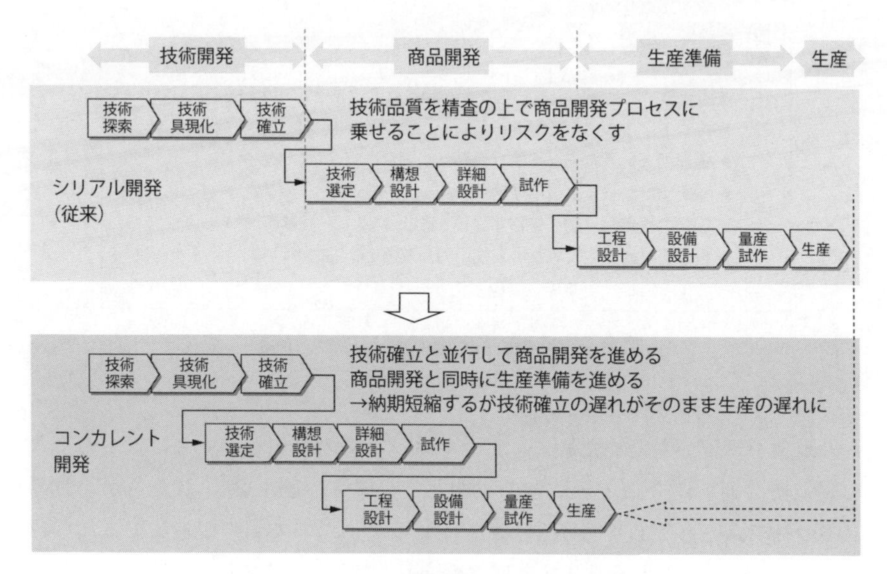

図1-1　シリアル開発とコンカレント開発

ています（**図1-1**）。

「コンカレント開発」は納期短縮には有効ですが、確立前の技術には素性が明確でない点が多いため、**一度問題が起こると予期せぬ形で波及**してしまい、商品をタイムリーに市場導入することに多大なインパクトをもたらすリスクがあります。また、商品開発からの納期要求はそのまま技術開発への圧力となり、即時の結果を要求する風潮を生みやすい傾向もあります。そのため、**「技術の素性」の解明が不十分**なままで技術開発を進める傾向が生じると、このことが納期要求をさらに厳しくするという悪循環に陥りやすいという問題があります。

また、電子写真などのように技術が普及し始めてから数十年が経過し、団塊の世代が大量に引退した2007年以降、技術の成熟をリードしてきたベテラン技術者が次々と引退している企業も多いと思います。さらに人材ローテーション、アウトソーシングなど、人的資源の移動を伴う経営施策の活性化の影響もあり、**属人化した技術資産の消失**が無視できない影響をもたらしつつあると言えます。このことも、技術開発の難しさを助長していると考えられます。

本書に書いた内容や製造業向けソリューションを社外に紹介する際に、これ

困りごと・問題

技術開発・商品開発でこんなことが起こっていませんか？

- 二次トラブルによる開発の足踏み、後戻りがなかなかなくならない
- 他部門・仕入れ先とのすり合わせが円滑に行かない
- ベテランから後継者に技術が伝わっていない
- 設計の根拠が「前任機種と同じ」になっている（説明できない）
- 新しい技術が生まれない。技術力が落ちているのでは…

図1-2　典型的製造業の困りごと・問題

らの現象を理解いただくために、富士ゼロックスの事例をベースに以下のような製造業共通の困りごと・問題を説明しています（**図1-2**）。私たちが「お客様の会社ではどうでしょうか？」と質問すると、たいていの製造業でこれらの問題が2つ以上当てはまりますと回答があります。

2020年に世界中に新型コロナウイルスCOVID-19が流行し、3密を避けるために、製造業においても在宅勤務やリモートワークを活用した**働き方変革が求められて**います。在宅勤務やリモートワークでは、日本企業の得意な3現主義「現場：現場に足を運ぶ」「現物：現物を手に取る」「現実：現実を自分で見る」によって改善を進めることが難しくなります。このWithコロナ、Afterコロナの新しい働き方では、「考えて」「試す」という技術開発プロセスの「モノ」への依存度をさらに下げ、**「考える」プロセスを強化し**、「試す」の比率を小さくする取り組みも必要となります。

次節で、富士ゼロックスが、この困りごと・問題にどのように取り組んできたか、具体的に事例を交えて紹介していきます。

1.4 「見える」「使える」「残せる」コンセプトとTechnology Data & Delivery Management

勘と経験に頼りすぎてもぐらたたきをしてしまう開発の進め方のことを、「勘と経験と度胸の開発」という言葉で称し、略して「KKD開発」と呼ぶこと

があります。本節では、簡単な事例を用いて「KKD開発」の問題を紹介し、その問題を解決するために構築したコンセプト（技術を「見える」「使える」「残せる」）と、このコンセプトを実現する**メカニズムベース開発**とTechnology Data & Delivery Management（以下TD^{2}Mと略します）の仕組みの概要を紹介します。

1.4.1 KKD開発

2008年当時、富士ゼロックスで行われた「KKD開発」を、当時の複写機のサブシステムである定着器[i]の開発時のトラブル事例で紹介します。熱と圧力をかけることでトナーを紙に固着させる複写機のサブユニットである定着器では、用紙と接触する部材が柔軟なほど用紙表面の凹凸に追従して部材表面が変形するため、熱と圧力の伝達が容易になり、定着性能が向上します。あるベルト定着技術の開発では、ベルトの弾性層を厚くし、柔軟性を確保することを検討しました（**図1-3**）。開発陣は当然、解析技術者も交えて二次障害が起こらないかを検討しました。しかしコンカレント開発の影響で、ベルトを試作して網羅的な品質確認をする時間的な余裕がなく、想定される問題点を抽出して個別検討し、問題なしと判断して技術開発を進める形になりました。

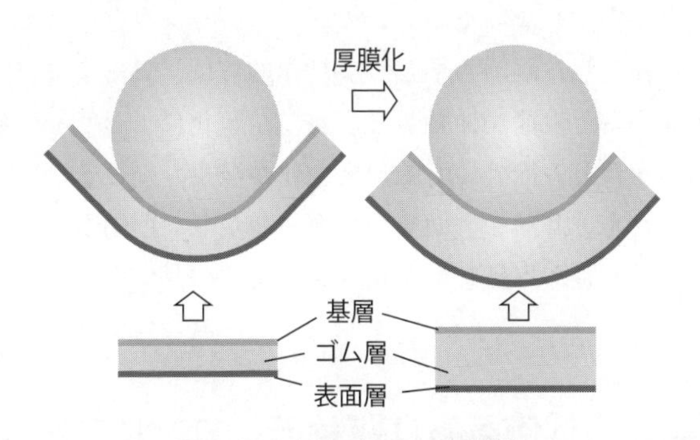

図1-3　定着ベルトの厚膜化

i　当時、ベルトをローラーに懸架して駆動し、対となるローラーとの間でニップを形成して用紙上のトナーを加熱、加圧する定着器を開発していました。

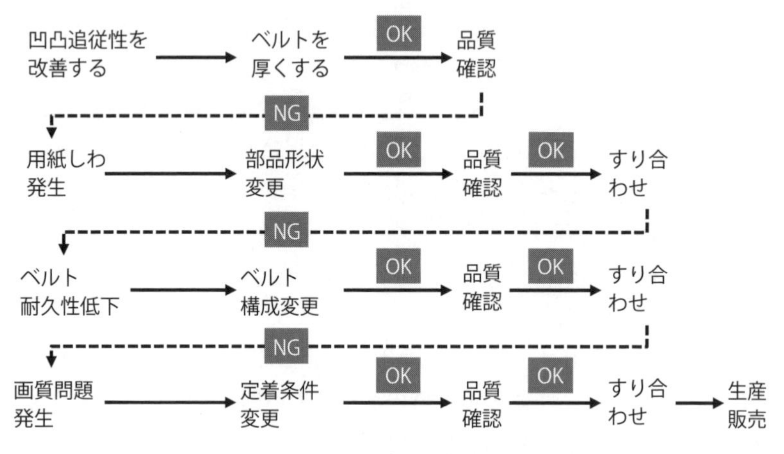

図1-4　KKD開発（もぐらたたき）の例

そして、ベルトを厚膜化した結果、開発途中で用紙しわ、ベルト表面層の損傷、画質ムラなどの**二次障害が次々に発生して**しまいました。これらの障害を解決するために、過去に蓄積された知見の探索も行いましたが、網羅的な解決に至る有効な手立てを発見することはできず、障害が発生すると都度その障害を回避する対策を考え、その対策を導入した試作品を作り、実験で品質確認するということを繰り返す結果になりました（**図1-4**）。

なかなか品質が安定しないため、シミュレーションなどによって現象のメカニズムを改めて検討し、解明しました。具体的には、ローラーに懸架した部分でベルトが湾曲すると表面が伸長しますが、厚膜化によってその伸び量が大きくなり、表面層劣化と表面の局所的速度変化が発生したことが原因とわかりました。その後、ベルト基層や表面層の材料を変更し、凹凸がある用紙でも定着性を確保し、画質不良や用紙しわが起きない所望の品質を確保できるようになりました。

1.4.2　「見える」「使える」「残せる」コンセプト

私たちは、KKD開発をなくすための**キーワードは「物理メカニズム」**ととらえ、この「物理メカニズム」を技術開発活動で活用するためには、**技術を**

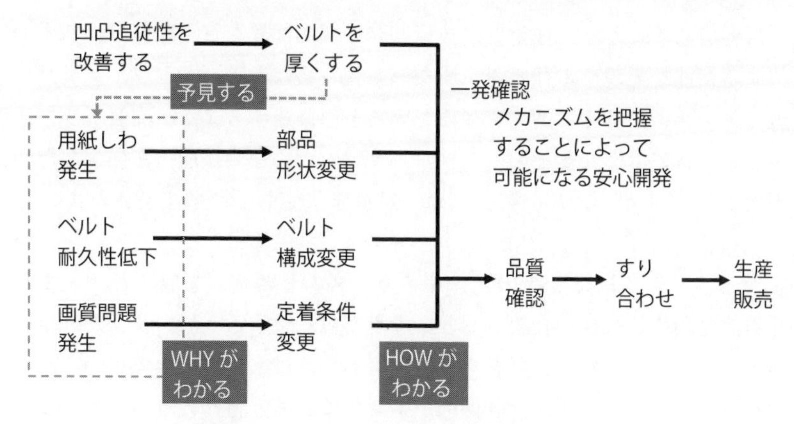

図1-5　メカニズムベース開発の狙う姿

「見える」「使える」「残せる」ことが重要であると考えました。

「見える」：MECE[i]に品質の物理メカニズムを見える化する

「使える」：品質間の相互作用のメカニズムとその影響を簡潔に表現する

「残せる」：メカニズムと、メカニズムに関係する情報を技術資産として蓄積・活用する

このコンセプトを実現するために、TD^{2}Mという仕組みと、この仕組みを活用するメカニズムベースの開発のやり方を開発部門に展開しました。**図1-5**は、定着ベルトの厚膜化検討を事例に、その「メカニズムベース開発[ii]」が狙う姿を示したものです。まずベルトを厚膜化するときに、それによって他にどのような事象が起こり得るかが整理されていてそれを予見することができ、それがなぜ起こるかが明確に理解・共有されている必要があります。さらに、どのように解決できるのかがわかる技術情報が関連づけて管理されていることにより、**1回の確認で品質のすり合わせを完了できる**ような姿を狙い、この仕組みを構築してきました。

技術を「見える」「使える」「残せる」コンセプトのキーとなる物理メカニズ

i　MECE：Mutually Exclusive and Collectively Exhausiveの略語　漏れなくダブりなくの意味　ミーシー、ミッシーなどと発音します。

ii　富士ゼロックス社内では、TD^{2}Mと品質工学、シミュレーションを3手法としてメカニズムに基づいた開発を進める部門横断の活動を『メカニズムベース開発』と呼んでいました。

ムとは何でしょうか？　技術者が技術開発や商品開発を行う際には、基本的に所望する機能を発現する仕組み、すなわち複写機などのハードウェア製品では物理メカニズムを考えて開発を進めていると思います。また、品質トラブルが発生したときにも、なぜそのトラブル（≒望んでいない機能）が発生したか、原因となったメカニズムを突き止め、対策を決定し、問題を解決していきます。

しかし、ベテラン技術者10人に「メカニズム」の定義を聞くと、大まかには「機能発現する機構や仕組み」という点では一致すると思いますが、単に設計パラメーターと品質の関係を言う技術者もいれば、品質工学で用いられる入出力パラメーターとノイズ、制御因子の関係であると言う人もいます。また、解析技術者であれば、特定の機能を支配している熱や流れなどに関わる方程式だと言う人もいるでしょう。

私たちは、メカニズム解析を通じて機能発現メカニズムを可視化することを徹底しようと考え、機能に着目して品質を作り込むQFD[i]（＝品質機能展開）と物理メカニズムの関係を検討しました。この結果、通常2元表で表現されるQFDを拡張し、**メカニズム展開ロジックツリー**（以下、MDLT[ii]と略します）**と4軸表で構成されるメカニズムベースQFD**（以下、MB-QFDと略します）**を定義**しました。MB-QFDにおける4つの軸は、**要求される「品質」、品質を発現させる「機能」、機能を実現する「物理」量、その物理量を実現させる「設計」項目**になります。また、因果関係の展開の仕方や、記号の使い方などの決まりごとがあります。

MB-QFDの4軸とMDLTの関係を、前項でも紹介した定着器の事例で説明します。定着器はトナー粉を熱と圧力で溶かし、紙に固着させます。画像の表面には適度に微小なざらつき（マット性）を持たせたいのですが、定着時に熱と圧力を過剰に与えるとトナーの変形が進みすぎて、画像表面にテカりが出ることがあります。この「マット性」のメカニズムを展開して可視化したMDLTの例が**図1-6**です。

要求される「マット性」が第1軸の「品質」であり、その品質をもたらす上

---

i　Quality Function Deploymentの略です。

ii　MDLTはMechanism Deployment Logic Treeの略で、そのままエム・ディー・エル・ティーと発音しています。

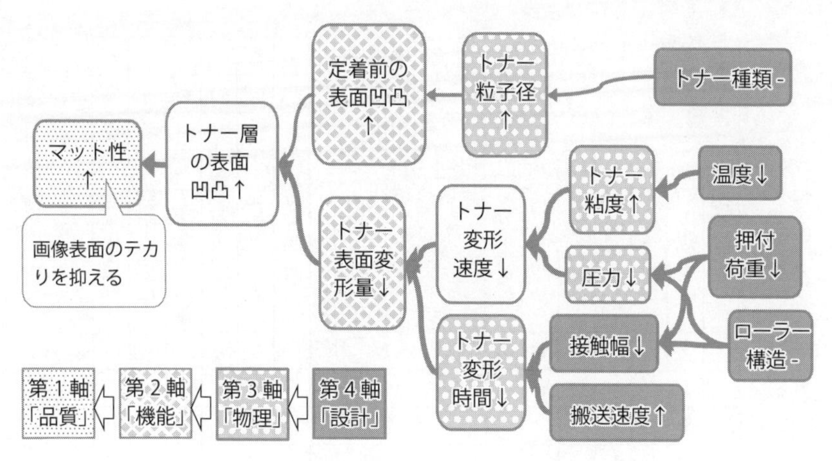

図1-6　定着器の「マット性」のMDLTの例

で定着器に求められる「定着前の表面凹凸」が大きいことと、「トナー表面変形量」を適度に抑えることが第2軸の「機能」です。そして、その機能を発現させるために押さえるべき物理特性である「トナー粒子径」「トナー粘度」「圧力」などの大小が第3軸の「物理」です。それらの物理事象を決めるために、設計者が設定する「トナー種類」「温度」「押付荷重」などは第4軸の「設計」です。

この「マット性」を含む3つの品質と4つの軸の項目の関係を整理したのが**図1-7**の4軸表です。4軸表の形になっていることで、品質と設計の関係および品質間の相互影響をメカニズムを踏まえて俯瞰することができ、開発現場で施策検討や二次障害の予期に使うことができます。この事例については、実践の方法とともに第2章以降で詳しく説明します。

メカニズムベース開発を実現するためには、これらの可視化・整理したメカニズムの情報とともに、**その根拠となる技術情報**や課題解決手段の情報を関連づけて残し、活用可能にする必要があります。そこで社内の開発プロセスの中で利用される各種技術情報を調査しました（**図1-8**）。この結果、定型情報はサーバーで適切に管理されていましたが、メカニズムに関わる**非定型な情報**は、商品名、トラブル名、担当者、設計パラメーターなどいろいろな切り口か

相関の極性
青 ○ 正
赤 ◉ 負
黒 ● なし

搬送速度	ローラー 構造	ローラー 押付荷重	温度	トナー種類	フイルム 素材	フイルム 表面付着物	品質（1軸）／機能（2軸）／物理（3軸）／設計（4軸）	密着部接着応力	接着面積率	定着前表面凹凸	トナー表面変形量	飽和水蒸気圧	気泡内圧力
							定着性	○	◎				
							マット性			○	◉		
							気泡残留					◉	◎
			▲	●	●	▲	ミクロ接着応力	○					
					●		フイルム表面凹凸	○	◉				
	◉	◎					圧力		◎		◎		◎
◉	◉	◎					変形時間		◎		◎		
			◉	●			トナー 粘度		◉		◉		
				●			トナー 粒子径			○			
			◎				水分温度					◎	

図1-7　定着器の品質課題の４軸表の例

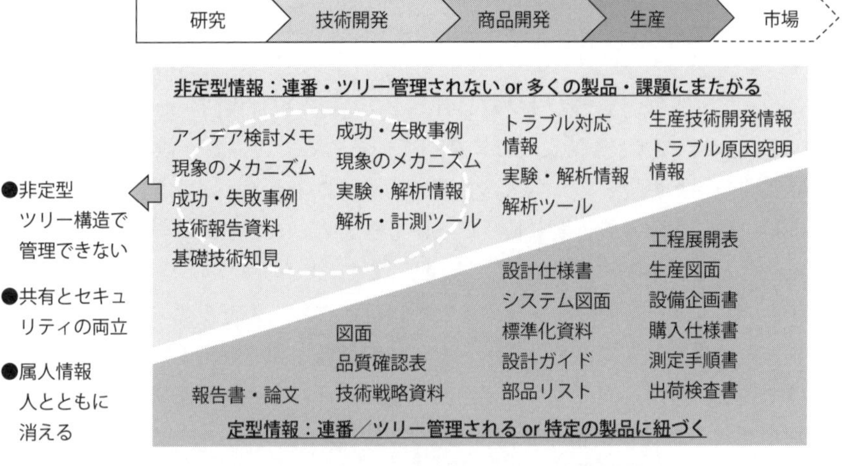

図1-8　開発プロセスの中で生まれる技術情報

ら探索されるため、通常のフォルダーツリー構造で管理できていないことがわかりました。

また、それらの情報は必要とする技術者に広く共有されるべきですが、一方でセキュリティも守らなければなりません。さらに、情報が属人化して消失することがないように、情報を残しやすくする必要もあります。

そこで、各技術情報に付随する特性を属性として付与することで、完全フラット構造で管理[i]できるようにしました。この結果、フォルダーツリー構造を気にせず属性情報で蓄積・活用でき、かつメカニズムと関連づけて、実験メモや解析データ、トラブル情報などを残し共有する方法として、**技術情報を属性で管理する仕組み**（以下、「技術情報の属性管理」と称します）を構築できました。

このように、「MDLT」で物理メカニズムを「見える」化して、「4軸表」で品質間の相互作用のメカニズムとその影響の情報を開発現場で「使える」形にし、「技術情報の属性管理」によってメカニズムそのものとそれに関係する情報を技術資産として「残せる」ようにする仕組みが、次ページの**図1-9**に示したTD^2Mです。上でも述べた「MB-QFD」は、「MDLT」と「4軸表」を連携させた手法となります。

次章で、TD^2Mの核となる「MB-QFD」と「技術情報の属性管理」の詳細を説明していきます。

---

i　情報につく「属性」はICTの世界で言う「メタ情報」と同じで、完全フラット管理とはメタ情報管理を意味します。

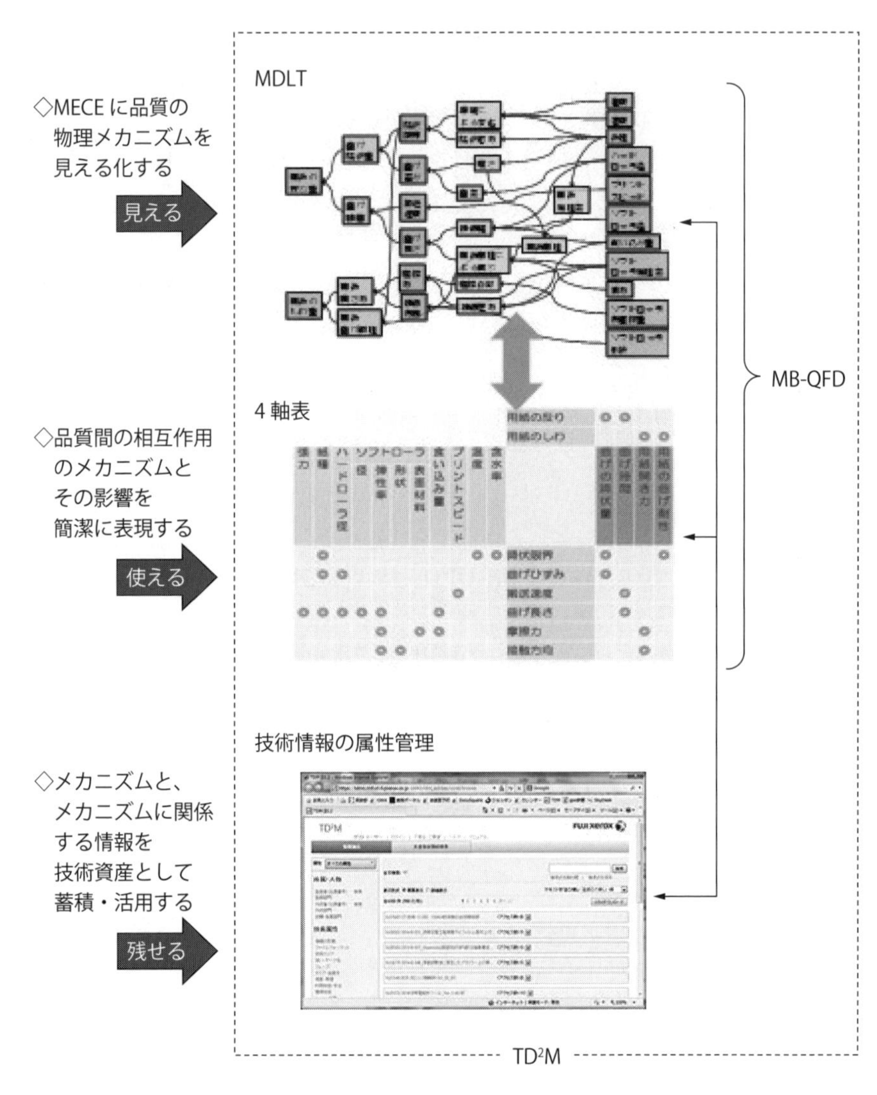

図1-9 「見せる」「使える」「残せる」コンセプトとTD²M

第2章

メカニズムに基づく設計根拠の記述

> 物には本末あり、事には終始あり。先後する所を知れば、即ち道に近し[i]。
>
> 大學[ii,4]より

本章では、メカニズムベースの開発において基盤となっている、**MB-QFD（メカニズムベースQFD）と技術情報の属性管理の考え方と手法・ツール**について、具体的な事例を使って説明していきます。

2.1 本章で扱う事例：コピー画像の定着性

せっかくですから、富士ゼロックスが得意とする技術を事例に説明していき

i　現代文では「物には本末（本質と枝葉）があり、事には終始（始まりと終わり）がある。物事の先と後にすべき所を知れば、大学の道は近い（大きな成功を得る）のである」となります。

ii　中国の儒教の経書で、「中庸」「論語」「孟子」と合わせて特に重要と言われた四書のひとつを言います。

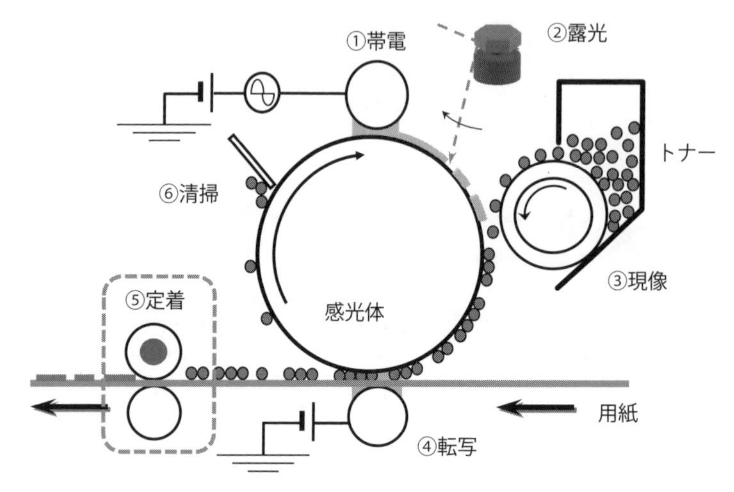

図2-1　複写機・プリンターで使われている電子写真技術

ます。複写機・プリンターで使われている、**トナーで紙に画像を印字する技術を「電子写真技術」**と言います。**図2-1**に示したように、電子写真システムは大きく6つのシステムからできており、**それぞれを「サブシステム」と呼んでいます。**

①「帯電」から始まって、②「露光」、③「現像」、④「転写」というサブシステムを経て、紙の上にトナーの粉による画像ができます。トナーは樹脂でできていて、温度が上がると溶ける性質があります。⑤の「定着」サブシステムではその性質を利用して、ヒーターを持ったローラーで熱と圧力を加えてトナーを溶かし、紙に定着させます[5]。

本章では、この**「定着」サブシステムの課題**を事例として考えます。定着サブシステムをもう少し詳しく描いたのが**図2-2**です。定着サブシステムにもさまざまな種類がありますが、この図に描いたのは「2ロール構成」と呼ばれ、その中でももっともシンプルなものです。ここでは事例を簡単にするために、紙ではなく樹脂のフイルム上にトナーの画像が乗って、右側から搬送されてきたとします[i]。

---

i　紙は非常に複雑な性質を持った素材です。紙の性質まで含めてメカニズムを考えると、例が複雑になりすぎるので、単層の樹脂のフイルムを考えます。

COLUMN

電子写真の各サブシステムのはたらき

本章では定着サブシステムしか扱いませんが、興味を持たれる方のために、他のサブシステムのはたらきについても簡単に説明します。

図2-1の中央にある感光体は、表面に感光層（光を当てることで表面の静電気が消える性質がある層）を持つ回転ドラムです。①の「帯電」サブシステムでは感光体の表面に静電気を帯電させ、続く②の「露光」サブシステムで画像の情報を光のパターンで書き込みます。こうすることで、感光体の表面には目に見えない静電気の画像ができます。

③の「現像」サブシステムでは、色がついたトナーの粉をまぶすことで、静電気を帯びたところにだけ粉が付着し、感光体上の画像が目に見えるようになります。④の「転写」サブシステムでは静電気でトナーを紙に移し、⑤の「定着」サブシステムでトナーを紙に定着させます。⑥の「清掃」サブシステムで、感光体上に残っている静電気や転写しきれなかったトナーを除去して、次の帯電に備えます。

実際の複写機やプリンターでは、カラーで高速に高画質に出力できるよう、さまざまな工夫がなされていて、この図に登場する以外にもいろいろな部品や仕掛けが備わっています。しかし、ここで説明した基本原理は、電子写真技術を使ったどの複写機・プリンターにも共通しています。

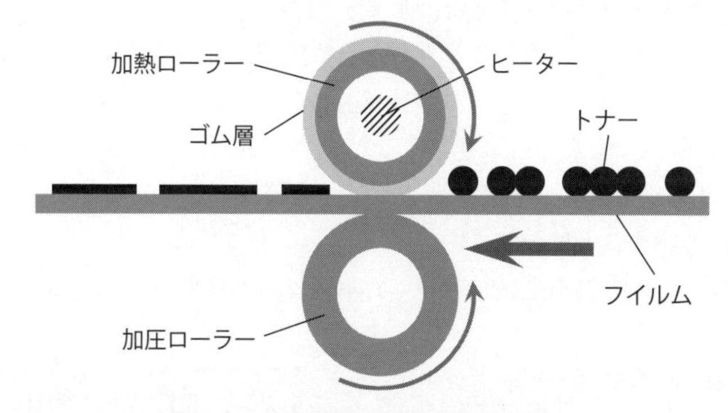

図2-2　電子写真の定着サブシステム

フイルムは、加熱ローラーと加圧ローラーと呼ばれる2つのローラーによって、挟まれて搬送されます。加熱ローラーの方には表面に比較的柔らかいゴムの層があり、内部のヒーターによって高温に保たれるようになっています。フイルム上のトナーは、2つのローラーの間を通過するときに熱と圧力を受けて溶けて変形し、通過後に冷えて固着することでフイルムからはがれなくなります。これが画像の「定着」された状態です。

この定着サブシステムに要求される品質をいくつか考えてみます。定着で**もっとも重要な品質は「定着性」**です。「定着性」とは、画像がどのくらいしっかりフイルムに固着しているかを意味します。定着性が悪いコピーでは、たとえばフイルムを折りたたんだり貼った粘着テープをはがしたりするなどのストレスを加えると、トナーがとれてしまうことがあります。

もちろん温度を高く、ローラー同士の押し付けを強くすることで定着性を良くすることができますが、押し付けすぎると別の問題を生じるのが難しいところです。たとえば温度と圧力を高くしすぎると、トナーが溶けすぎて表面の形状に影響が出ます。ほかにも、表面がテカテカになって、不自然な光沢が目立つようになることがあります。そのような不自然さがないように、**表面に適度なざらつきがあることを「マット性」と呼ぶ**ことにします。

また、トナーの温度が高すぎると、溶けて固まった後のトナーの中に気泡が残って、画質が悪くなることがあります。これは、トナーの表面や中に含まれている水分が蒸発するためです。**トナーの中に気泡が残るトラブルを「気泡残留」と呼ぶ**ことにします。「気泡残留」が「良い」ということは、トナーの中に残る気泡が少ないという意味だとします。

定着サブシステムに要求される重要な品質は他にもたくさんありますが、ここでは「定着性」「マット性」「気泡残留」の3つの品質について考えることにします。「定着性」を良くしようとすると、「マット性」と「気泡残留」が悪くなるので、「マット性」と「気泡残留」は「定着性」を改善したときの二次障害である、ということになります[i]。

それでは、この事例を念頭に置いて、本題である技術を「見える」「使える」

i　これらの品質問題はどれも本当に起こることですが、品質の呼び方など、実際の現場の問題とは異なる部分もあります。また、事例としてわかりやすいように、現象を大幅に簡略化して記載しています。

「残せる」、TD^2M（Technology Data & Delivery Management）の考え方と手法について説明していきます。

2.2 メカニズムが「見える」：メカニズム展開ロジックツリー

2.2.1 ロジックツリーについて

(1) ロジックツリーとは

ロジックツリーは、漏れなくダブりのないようにものごとを樹形図に分解して考える、**ロジカルシンキング**[6]**の手法のひとつ**です。漏れなくダブりがないことを、ロジカルシンキングの世界ではMutually Exclusive and Collectively Exhaustive（相互に重複せず、全体として漏れがない）の略でMECEと呼んでいますので、本書でも以後この言葉を使っていきます。**図2-3**にロジカルシンキングの専門書に載っているロジックツリーの例を引用します。このようにロジックツリーは、目的に対する原因や手段を考えるときに、思いついたものをただ挙げていくのではなく、MECEに展開することで全体像を理解し共有するとともに、問題を深堀りしてアクションを決めるために役立ちます。

ロジックツリーには以下のような種類があり、場面によって使い分けることが推奨されています。

◇Whyツリー：ものごとの要因を分解して、根本原因が何かを突き止めるためのロジックツリー

◇Whatツリー：ものごとの要素を分解して、網羅的に把握するためのロジックツリー

◇Howツリー：問題に対する解決策を挙げて、アクションを決めるためのロジックツリー

技術の世界でも、FT図、なぜなぜ分析、特性要因図など、ツリー状にものごとの関係を整理する手法がありますが、いずれもロジックツリーの一種と言えます。そのような手法を意識して使う場面でなくても、技術的な課題を整理

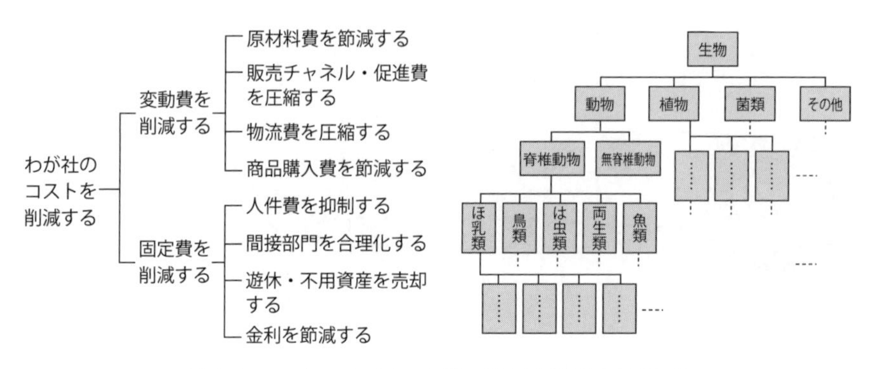

図2-3　ロジックツリーの例（参考文献6より引用）

するとき、トラブルの原因究明をするとき、考えを他の技術者に伝えるときなど、ロジックツリーの形でものごとを表すことは多いのではないでしょうか。私たち富士ゼロックスの技術者もそうでした。

しかし、特段のルールもなく作成したロジックツリーは、その技術者の経験や考え方に基づいたものになります。そこにはどうしても作成した技術者の思い込みや、ときには勘違いも含まれます。また、経験や考え方は人によって異なるため、他の技術者が作成したロジックツリーには納得がいかない部分が出てきます。結局、納得感のないロジックツリーは作成した人にしか使われないものとなり、再利用されることはほとんどなくなってしまいます。その結果、同じ課題に対して、担当者が変わるたびに別のロジックツリーを作成するといったことが起こります。

⑵ ロジックツリー「あるある」

ロジックツリーの展開をしたことがある方は、誰が見ても納得してもらえるように、漏れダブりなく要因を挙げるのに苦労されたのではないでしょうか。MB-QFDに沿ったメカニズム展開のやり方を説明する前に、その難しさを再認識していただくため、私たちが見てきたロジックツリーの「あるある」をいくつか紹介します[i]。いずれも「定着性」という品質と設計項目の関係を、漏れなくダブりのないように展開しようとしたものです。

図2-4は、まだ慣れていない人が描いたロジックツリーの例です。このよう

i　いずれも、問題点を少し誇張したロジックツリーになっています。ご承知おきください。

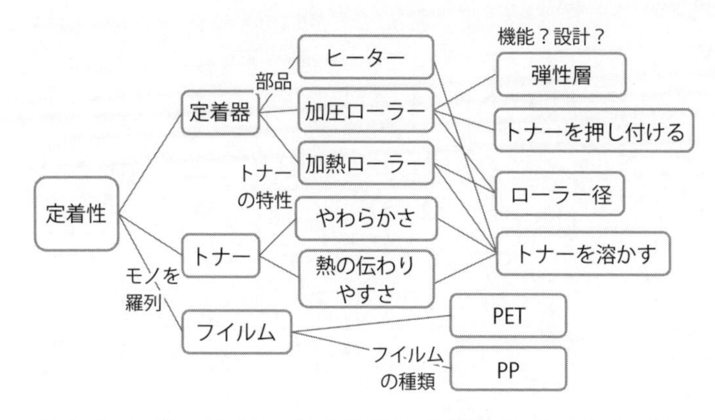

図2-4　ロジックツリー「あるある」：①慣れていない人のツリー

なロジックツリーをよく見ることがあるのですが、まず「定着性」に関係しそうな「モノ」を並べています。構成部品などのモノを考えると展開はしやすいのですが、どうしても見落としが起こります。またそれ以上にこのロジックツリーには、たとえば「定着器」がどうだったら「定着性」がなぜどうなるのか、というような**関係性が表現されていません**。

その後の展開でも、構成部品を並べたり、モノが持つ特性を並べたり、モノの種類を並べたり、機能のような言葉と設計に関係しそうな言葉が混在しているなど、分岐に一貫性のないロジックツリーになっています。これでは現象のメカニズムを表現することはできません。

品質機能展開や品質工学など、品質を担保するために考えられたさまざまな手法で、「まず機能を考える」とよく言われます。対象とするシステムに期待される機能を最初に考えることで本質的な事象に迫ることができるというのが、これらの手法に共通する考え方です。品質をツリーやマトリックスの形で展開する手法でも、「まず機能で展開」と言われることがありますが、メカニズムをMECEに展開しようとするときには、要注意です。

図2-5が最初に定着器の機能を考えた「定着性」のロジックツリーの例です。この例では定着器の機能を並べた上で、それぞれの機能に関係する物理現象、そして部品に関わる項目を挙げてその項目間をつないでいます。ここで難

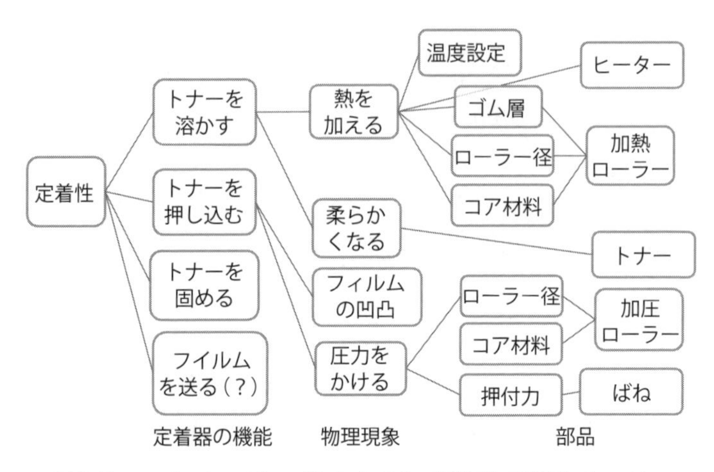

図2-5　ロジックツリー「あるある」：②機能で展開したツリー

しいのは、「機能」を誰にでも納得できるように漏れなく挙げることです。機能のとらえ方が人によって違いますし、「考えられる機能を挙げたけど、他にはないだろうか」と考えている時点で、すでに漏れがないことを保証できなくなっています。

例に挙げた図2-5では、「溶けたトナーを冷やして固める機能はないのか？」「フイルムを送るのも定着器の機能だけど、定着性には関係ないのでは？」などの迷いが見えます。その後の展開も、結局は**関係のありそうな要因を並べて接続するだけの作業**になっています。

では、設計・開発のことをよくわかっている、ベテランの技術者に描いてもらうとどうでしょうか。実は、これが一番厄介とも言えます。**図2-6**は定着器のベテラン技術者が実際に描いたロジックツリーの例を簡略化したものです。

電子写真の業界では、定着器の定着性はトナーに対して「温度をどれだけ上げるか」「圧力をどれだけかけるか」「時間をどれだけかけるか」の「定着設計の3要素」で決まるというのがひとつの通説になっています。このため図2-6では、まずその3要素に展開した上で、それぞれが何で決まるか、という展開をしています。

このツリーはもちろん、「因果関係がある」という意味では正しいのです

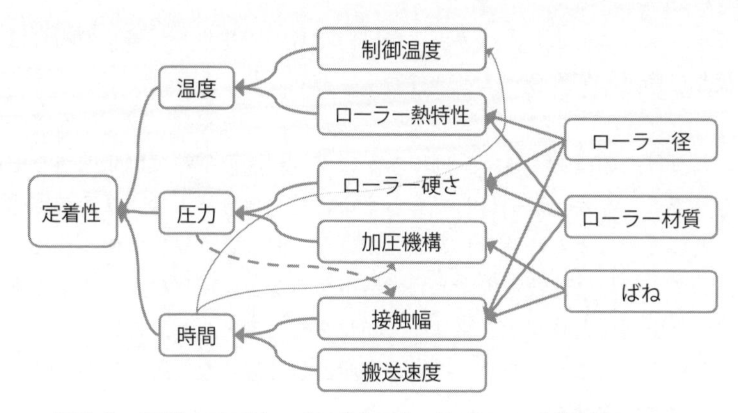

図2-6　ロジックツリー「あるある」：③ベテラン技術者のツリー

が、「定着性が温度と圧力と時間で決まる」というのは作成した人の知識であって、定着性の**物理現象を論理的に展開したわけではありません**。そのため、定着性が「なぜ」温度と圧力と時間で決まるかという情報は（作成した人の頭の中にはあるはずですが）このツリーには表現されていません。論理的に展開されていないので、図中に破線で示した「押し付ける圧力が高くなると、ゴムローラーが変形するから接触幅が広くなるはずだが…」と後戻りするような関係も浮上してきます。

それから、このツリー図にある2本の細い線にお気づきでしょうか。「時間が変わると、制御温度と加圧機構が変わる」という線です。これは、このベテラン技術者が「用紙を搬送する速度を速くすると、トナーがローラーを通過する時間が短くなる。だから、その分ヒーターの温度を上げるか、押し付ける圧力を上げるか、どちらかをやらなければならない」という意味で描いた線です。これも重要な事実ではありますが、そのように温度を上げたり圧力を上げたりするのは設計行為であって、「物理事象として起こること」ではありません。そもそもよく見ると、このツリーにはフイルムやトナーに関わる要因が出てきていません。

これはちょっと極端な例ではありますが、**深い知見がある技術者でも、展開に飛躍があったり、漏れがあったりします**。また、いろいろなことをよくわかっていて、先読みができるからこそ、事実とノウハウが混在した展開になりがちです。そして何より、ベテランが描いたものですから、多くの場合はそれを指摘して修正してもらうことは容易ではありません。

ここに挙げたのはあくまで一例ですが、ツリー図を使って因果関係を整理したつもりでも、なかなか納得してもらえないし、自分でもなかなか納得感が持てないというのはよく経験されることではないでしょうか。そのようなツリー図はたいていの場合、技術資産として活用することは困難になります。また、あいまいさを残したロジックツリーで知見を蓄えると、誤った知識やあいまいさが引き継がれることになり、**技術が資産として残らないどころか、技術の劣化をも招きかねません。**

⑶ メカニズム展開ロジックツリー

整理された事実関係をもとに、ロジックツリーが本当にMECEに作られているならば、人によって多少の違いがあっても納得され、受け入れられるはずです。世の中には、ロジカルシンキングやロジックツリーの作り方に関する書籍や情報はたくさんあり、いろいろ調べてみました。しかし、そのどれも「ロジックツリーはMECEになるように作成しなさい」と書いてはありますが、「どうやって作成すればMECEになるのか」について、私たちの納得がいく形で述べてあるものはありませんでした。

世の中のできごとを、何でも論理的にMECEに表現するのは無理なのかもしれません。しかし、私たちが相手にするのは、技術に基づいて造られた製品の品質であり、それを支配するのは自然現象です。そこに着目すれば、因果関係を論理的にMECEに展開することができるのではないかと考え、時間をかけて検討し、方法論として積み上げてきました。

その結果、商品の品質と、開発・設計の担当者が決めなければならないことの関係を、メカニズムに基づいてMECEに展開するやり方にたどり着きました。その手法と、作成したツリーのことを私たちは**メカニズム展開ロジックツリー、略してMDLTと呼んでいます。**

MDLTは以下のような手順で作成します。

①展開の起点を決める
①-1 「品質」を起点とする（2.2.2の(1)）
①-2 具体的な事象に置き換える（2.2.2の(2)）
①-3 展開の前提条件を明記する（2.2.2の(3)）

②因果関係を展開する
②-1 量の大小の因果関係で記述する（2.2.3の(1)）
②-2 MECEになる「切り口」を見つける（2.2.3の(2)）

③展開を終了する
③-1 設計項目または外乱が出てきたら止める（2.2.4の(1)）
③-2 その要因で展開を終了することを明記する（2.2.4の(2)）

この展開によって、システムの品質と、自分たちが決める設計との物理的な因果関係をMECEに展開することができます。それぞれの手順について、次節以降で説明していきます。

MDLTの作成は、もちろん一人で行うこともできますが、複数の技術者で知見を集約してまとめ上げていくと、より高い効果が得られます。MDLTを作成することによって、何となくあいまいに理解していたことがクリアになったり、どの部分が説明できていないのかということがはっきりしたりします。また、ベテランの技術者が持っている知識が、「なぜそう考えるのか」ということも含めて理解できることもあります。

このため、知識を共有したいチームのメンバー、協業・連携する部門のメンバー、ベテランと若手など、複数のメンバーが集まって知見を共有し集約しながら作成することで、技術的なコミュニケーションや世代間の技術の伝承が進みます。複数でMDLTを作成するときは、次章の3.1.5項で述べる「ファシリテーター」を立てて議論をリードしてもらうことで、よりスムーズに進めることができます。

COLUMN

似ているけれど微妙に意味が違う用語

技術の議論をする中で、「その言葉とこの言葉、似ているけれどどう違うのか？」と迷うことはありませんか？ 「『事象』って『現象』を言い換えただけ？」「『要因』と『原因』は同じこと？」などなど…。

私たちがメカニズムの議論をするときにも、よくそういう疑問が発せられます。そして、その違いが、メカニズムを整理する上で意外に重要だということもあります。よく使われる用語を、本書の中でどのように定義しているかを紹介しておきます。

事象：一定の環境や条件の下で起こるできごと
現象：事象の中で、人間が認知することができるもの

要因：ある事象を引き起こす可能性がある別の事象
原因：ある事象を実際に引き起こした別の事象

機能：システム（またはシステムの中の部分システム）のはたらき
性能：機能の発現の度合いを表す量的な指標

問題：あるべき状態と現状のギャップ
課題：問題を解決するためにやるべきこと

2.2.2　MDLTの起点の設定

MDLTを作成するときは、事象を箱の中に書いて、その箱同士を矢印のついた線でつないでいきます。この**箱を「要因ボックス」**、**線を「因果関係コネクター」**と呼んでいます。たとえば事象Bが事象Aの要因であるとき、**図2-7**のように、事象Bの要因ボックスから事象Aの要因ボックスに対して因果関係コネクターを接続します。

後ほど説明するように、MDLTを作成するために独自開発した専用のツールも用意していますが、紙と鉛筆でも作成できますし、ホワイトボードを使う

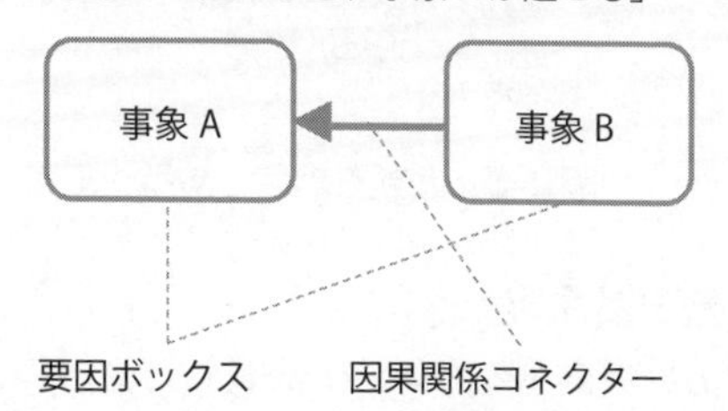

図 2-7　要因ボックスと因果関係コネクター

こともできます。ホワイトボードは書いたり消したりが簡単にでき、図を描いて考えを整理することもできるので、MDLT作成に適しています。特に複数人で作成するときは、大きなホワイトボードで考え方を共有しながら作成するのが効果的です。紙やホワイトボードで作業するときは、箱を描いたり、矢印先端の矢先を描いたりする細かい作業は省略してもかまいません。

(1) 品質を起点とする

MDLTの作成を始めるときは、その起点として一番左に要因ボックスを描いて、品質の事象を書きます。設計、開発、生産の場面で使われている、**現場に馴染みのある品質の言葉**で結構です。ただしこのとき、「品質が良くなる」という事象を展開するのか、「品質が悪くなる」という事象を展開するのか、はっきり書いてください。

「良くなる」と「悪くなる」のどちらで展開するべきかというのは、よく聞かれる質問です。これはケースバイケースですが、一般に「ある特定の条件で起こること」を起点にした方が展開しやすいようです。たとえば、品質を満たしているシステムで急にトラブルが発生したら、そのトラブルを引き起こす「ある特定の条件」が原因であるはずなので、「品質が悪くなる（トラブルが発生する)」ことを起点にした方がいいでしょう。もしも、要求品質を満たすのがとても難しく、「ある特定の条件」を満たさないと品質が良くならないという場合は、「品質が良くなる」ことを起点にすると展開がしやすいと思います。

今回事例として挙げた定着システムでは、問題がなければ定着性は良いと考え、「定着性が悪い」を起点に定着性を悪化させる要因について考えていきます（**図 2-8**)。

定着性
が悪い

図2-8　品質を起点とする

(2) 具体的な事象に置き換える

品質の事象を物理的に展開するために、記載した品質の言葉を**「何がどうである」「何がどうなる」という物理的な言葉に置き換え**て、因果関係コネクターでつないでください。できればこのとき、「何が大きい」「何が少ない」などのように、**量の大小・増減で表現**できると、この先の展開がしやすくなります。品質の言葉がすでに物理的な言葉になっている場合（たとえば「温度が高い」「シャフトが曲がる」など）は、無理に置き換える必要はありません。

この物理的な言葉に置き換える作業は、簡単なように見えますが、実はとても重要です。特に複数の技術者で知恵を集めてMDLTを作成するときに、「この品質の言葉を物理的に表現するとどうなりますか？」という問いに対して、全員の考えが一致することはなかなかありません。

例として挙げている「定着性」についても、ある技術者は「定着性は粘着テープで評価しているので、『貼った粘着テープをはがしたときにトナーがとれてくる』ことが『定着性が悪い』ということだ」と言うかもしれません。他の技術者は「粘着テープは関係ない。トナーがフイルムにどれくらい強く固着しているか。それそのものが『定着性』だ」と言うかもしれません。「トナーの粒同士が離れてとれてくることもあるが、それは『定着性』と言うのか？」などと言う人も出てくるかもしれません（**図2-9**）。

この最初の議論を通じて、協業する技術者の間の「そもそも」の認識のズレがあぶり出されることが多くあります。さらに「そもそも、このシステムに要求されている品質って何だ？」という根本的な議論に立ち戻ることもあります。MDLTは物理的な観点で展開をしていくので、最初に必ず品質を物理的な言葉で表さなければなりません。それはひと手間かかることではありますが、**多くの気づきを与えてくれる重要なステップ**でもあります。

ある品質に対応する物理的な事象として、「定着性」の例で書いたように複数の解釈が出てきた場合、たいていは「どれが正解」ということはありませ

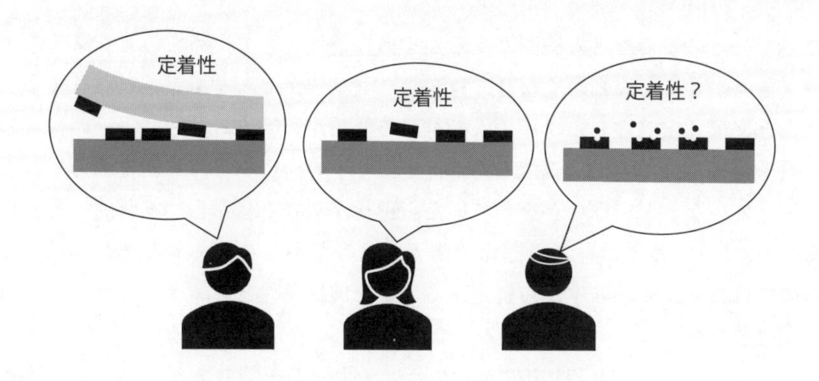

図2-9　同じ品質のはずでも認識にはズレが…

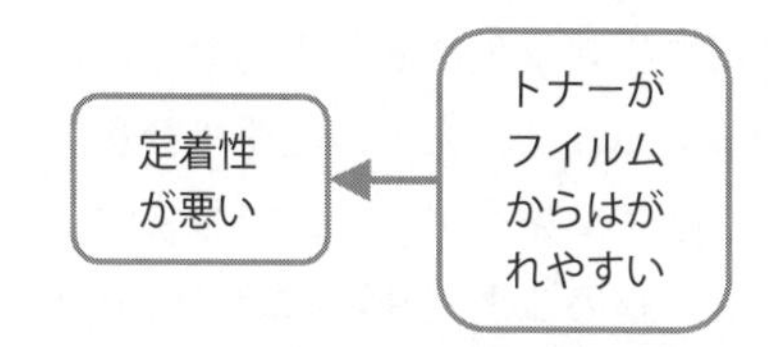

図2-10　具体的な事象に置き換える

ん。MDLT作成の目的を踏まえて、参加者の間で議論して合意してください。ここでは、「定着性が悪い」とは（何ではがすか、とは関係なく）「トナーがフイルムからはがれやすい」という事象であるとします（**図2-10**）。

⑶ 前提条件を明記する

MDLTを作成する際に、前提条件を明確にした方がよい場合があります。ひとつは、上に述べた品質を物理事象に置き換えるときのように、言葉や技術についての解釈がいくつか考えられるとき、**「これが正しいとして先に進めよう」と決める場面**です。時間をかけて議論して、考え抜いて決めることにももちろん価値がありますが、時間的な猶予があまり与えられていないことの方が多いように思います。迷ったら、前提条件を決めて、先へ進めることも重要です。

前提条件を明確にした方がよい場面にはもうひとつ、**メカニズム展開の対象範囲を限定するという場面**もあります。この先メカニズムを展開していくに当たって、どこまでを対象範囲とするかを前提条件として決めないと、考えるメカニズムがどんどん細かくなり、ロジックツリーがどんどん大きくなります。

たとえば「定着性」にフイルムの材料の種類が影響するとして、その材料の性質を決める分子の構造まで考えて、その分子の構造を決める素粒子のことまで考えて…などということをしていたらキリがありませんし、本質的でもありません。「フイルムは材料を選んで購入するのだから、フイルム材料を設計するのではなく、候補の中から選定することを前提条件としよう」などという判断が必要です。

このように、「前提条件を置く」ことは、手法の一部であるととらえて積極的に行いたいのですが、このときに重要なのは**設定した前提条件を明記する**ことです。それは、先々の展開を進める上でも、作成したMDLTを使う人にとっても重要です。品質事象を物理事象に置き換えるときに、前提条件を置いたという認識をしっかり持っていれば、先々の展開で行き詰まったときにその前提条件に立ち返り、必要に応じて見直すことができます。そして、それが展開を進めるに当たって、どこで止めるかの判断基準にもなります。

作成したMDLTを第三者が見たときに、前提条件が記載されていなければ、「そもそも品質の定義は？」「この先は展開しなくてもいいのか？」と、展開の妥当性に疑問が生じ、作成したときと同じ議論が始まるかもしれません。前提条件が明記されていれば、それを踏まえてMDLTを見ることで納得できるはずですし、前提条件が変わったときにどうなるかという発展的な議論も可能になります。

前提条件はどこに書いてもいいのですが、品質の定義や対象範囲など全体の

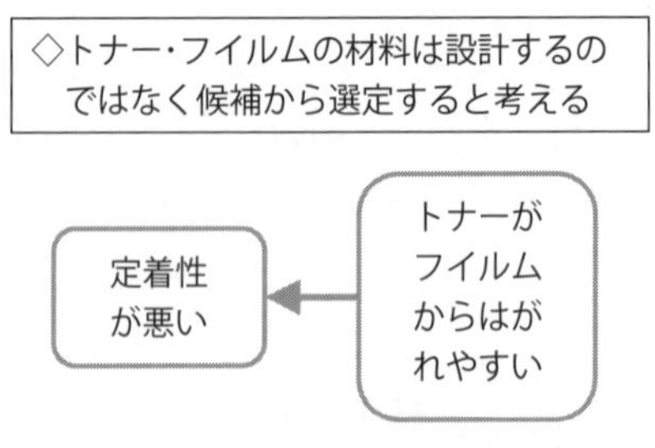

図2-11　前提条件を記載する

展開に関わる事柄は、枠で囲むなどして最初に書いておくことをお勧めします（**図2-11**）。議論をする中で前提条件が追加されたり、変わっていったりする場合があります。そのときは都度追記・修正をしてください。一度書いた前提条件を変更してはいけないということはありません。むしろ**展開の進み方に応じて、臨機応変に追記・修正をするとよい**でしょう。

2.2.3　因果関係を展開する

展開の起点が設定できたら、要因を樹形図に展開していきます。これは、事象に対して要因（その事象を引き起こす可能性がある事象）をボックスに記載して、因果関係コネクターで接続する作業です。ひとつの事象に対して、通常は複数の要因を記載することになりますが、このとき**要因に漏れがなく、要因同士にダブりがないというのが「MECE」**です。

しかし、言うのは簡単ですが、実際に漏れなくダブりのないように要因を展開するのは、前述の「あるある」で示したように決して簡単なことではありません。これから説明する因果関係の展開のルールは、ある意味では「当たり前」のことでもあります。しかし、それを確実にやるためには考え方を少し変えることも必要です。

⑴ 量の大小の因果関係で記述する

まずひとつ目のルールは、事象を**できる限り量の大小（増減）**で表して、事象同士をコネクターでつないだときに常に「**直接的な因果関係の表現になる**」ようにすることです。もしも**図2-12**に示したように、「Aが大きい」という事象に向かって「Bが小さい」という事象からコネクターがつながれていたら、「Bが小さいとAが大きい」というのが「因果関係の表現」です。「△△ならば

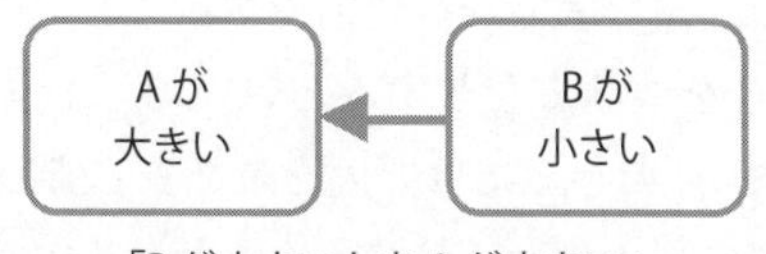

図2-12　因果関係の表現

◇◇である」「△△になると◇◇になる」などの表現でも結構です。「直接的な」というのは、「間接的でない」ということです。つまり「Bが小さくなるといろいろなことが起こって、巡りめぐってAが大きくなる」のではなく、自然な事象として「Bが小さくなるとAが大きくなる」ことを、誰もが当然のこととして理解できるということです。

これを確認するには、口に出して言ってみるのがもっともわかりやすく、確実な方法です。たとえば、図2-10で「定着性が悪い」を具体的な事象「トナーが（フイルムから）はがれやすい」とした後で、図2-4で示したようにモノの名前で展開した場合と、図2-6のように設計の知識で展開をした場合を考えてみます。

図2-4は、要因としてモノの名前を書いてあるので、因果関係の言葉にしようとすると「定着器のときトナーがはがれやすい」などとなり、おかしな文になってしまいます。このような場合、立ち止まって「定着器の何がどうなっているとトナーがはがれやすいのだろう」と考えてみてください。図2-6の展開であれば、「温度が低いと、トナーがはがれやすい」などと表現できるので、因果関係としてはOKです。しかし「温度が低いと、何がどうなってトナーがはがれやすくなるのか」は簡単には説明できないので、「直接的な」因果関係にはなっていません（**図2-13**）。

「事象を量で表す」という点については、最初から厳密に考えようとすると、そこで悩んで展開に時間がかかることが多いようです。最初は「どういう量で表せばよいのか」は後回しにして、「○○がはがれやすい」「△△が膨らむ」などの口語的な表現を使って記述してもかまいません。ただ、最終的には量の大小で表現することを意識してください。

また、展開の後半の方になってくると、「材料の種類」「工法の選定」のように、どうしても量で表すことができない要因が出てくることは避けられません。そのようなときは、量で表せない要因であることを意識して、何かの目印をつけたり、説明書きをつけるなどするといいでしょう。MECEな展開をするためのやり方として、「できるだけ要因を量で表しましょう」という説明をよく見ますが、ここで重要なのは「量で書くことが基本で、量で書けない要因は例外」ということです。

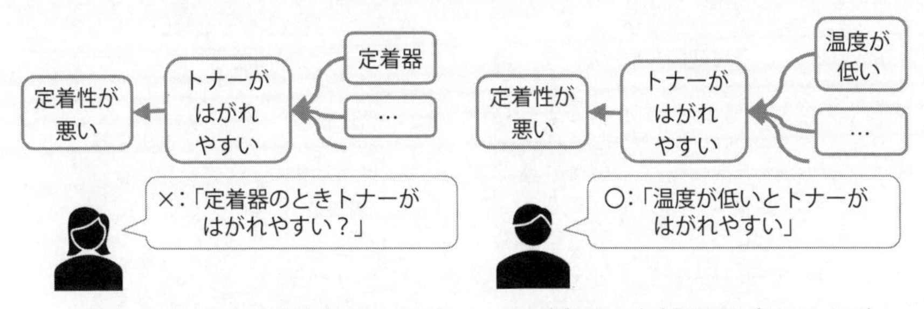

図2-13　因果関係を言葉で表現する

⑵ MECEになる「切り口」を見つける

次はひとつの事象に対して、その要因をMECEに挙げる段階です。ここで大事なことは、「MECEになるように要因を挙げていってはいけない」ということです。逆説的な言い方なので、驚かれたことと思います。しかし、ある事象に対して「要因はこれとこれと…他にもないかな」と考えたとすると、その時点で、MECEになるかどうかはその人の知識の量と、見落としに気づくかどうかの集中力にかかることになります。

では、どうすればいいかというと、「**明らかにMECEになる切り口を見つける**」のです。たとえば、「ある2つの事象BとCが起こらなければ、事象Aは決して起こらない」と言えれば、その「事象Aが起こらないということは、絶対にBかCのどちらかが起こっていないはずだ」と言えます。「aは2つの量bとcの足し算で決まる」ことがわかっていれば、「aが増えるということは、必ずbかcのどちらかが増えている」と言えます。このように「要因はこれとこれしかない」という切り口を見つけていくことで、誰が見ても納得できるMECEな因果関係の展開ができます（**図2-14**）。

「そんなうまい切り口が、いつでも見つかるものだろうか」と思うかもしれません。しかし私たちの経験では、コツをつかめば、ほとんどの場合は何らかの切り口を見つけることができます。気をつけるべきことは、開発者・設計者として蓄積してきた知見のことは忘れて、あくまで「何が起こると、何がどうなる」という**物理的な事象に集中して考える**ことです。これも矛盾して聞こえるかもしれませんが、設計者・開発者として持っている「設計をこうすると、品質がこうなる」という知識をロジックツリーに盛り込まないようにしてくだ

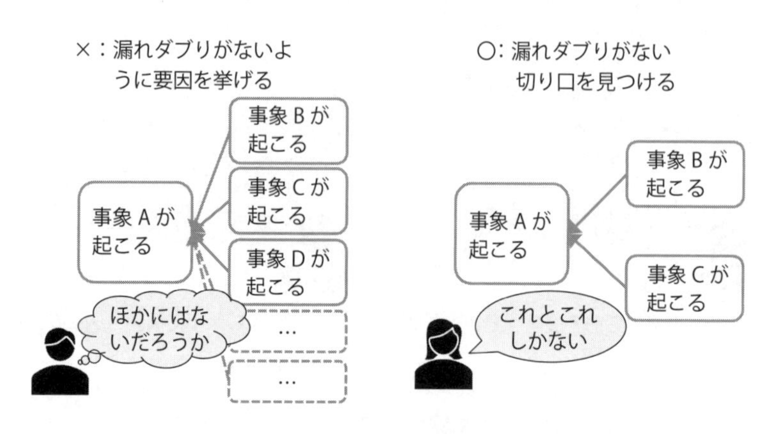

図2-14　MECEな切り口

さい。きちんとMECEにメカニズムを展開できれば、事実は自ずとそこに現れてくるはずです。お持ちの知見は、でき上がったロジックツリーが妥当なものかを判断するときの材料として存分に活用できますので、それまで我慢してください。

この「MECEな切り口」を見つける上で、ひとつ大事なことがあります。それは**分岐の数を最小限**に、基本的には2つにすることです。3つ、4つと多分岐にすることもありますが、それは例外的で、**ほとんどの場合は2分岐にできます**。あえて2分岐にすることの理由は大きく2つあります。第一に、メカニズムにあいまいさがなくなります。第二に、誰が見ても要因がMECEであることがすぐにわかります。

例として**図2-15**を見てください。どちらも「ゴムを引っ張ったときに、引っ張る力が大きくなる」ことの要因を展開したものです[i]。(a)は要因を一気に4分岐にしたものです。この展開がMECEかどうか、すぐにわかりますか？機械系の技術者の方でも、納得するのに少し時間がかかるのではないでしょうか。ましてや、専門外の技術者がこの展開の是非を判断するのは、おそらくかなり難しいことだと思います。

---

i　これは、ゴムの元の長さに対して、引張量が十分に小さいときの因果関係です。引張量が大きくなると、断面積が小さくなったり、ひずみがここに書いた式では表せなくなるなどのさまざまな他の現象が起きます。

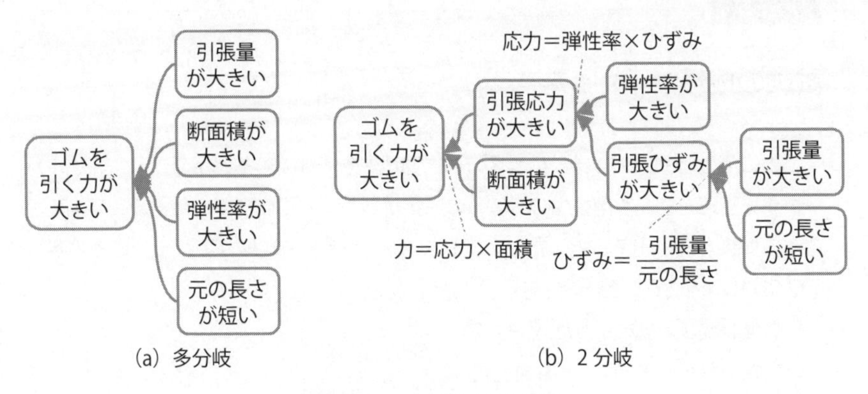

図2-15　多分岐と2分岐

ゴムを引っ張る力を式で書くと、この4つの量が変数として出てきます。しかし式が書いてあったとしても、その式がどういう前提で導かれたものなのかきちんと理解していないと、逆にごまかしの元にもなってしまいます。一方、(b)の2分岐の展開はどうでしょうか。機械系の技術者の方には、展開に漏れダブりがないことが一目瞭然ではないかと思います。専門外の技術者に対しても、力が応力と面積の積で決まること、応力は弾性率（材料の硬さ）とひずみの積で決まること、ひずみは元の長さに対する引張量の比であることなどを説明して理解してもらうのに、それほど苦労はいらないはずです。

中には、あえて多分岐にする場合もあります。事象の要因が（素性が明らかな）式で表せるときや、並列な関係にある複数の事象の足し合わせで決まる場合などです。また、2分岐で展開していくと、MECEな展開ができる一方で分岐の回数が増えて、ロジックツリーが大きくなるという弊害もあります。

そのため、いったん考え方が理解・共有されたら、ロジックツリーをコンパクトにするために、あえて多分岐で展開することがあってもいいと思います。ただし上で述べたように、多分岐になっているときはメカニズムがあいまいになったり、MECEであることがわかりにくくなったりするため、ロジックツリーに「なぜ多分岐にしているのか」をメモとして記載し、可能なら参考文献などを参照できるようにしておくことをお勧めします。

COLUMN

試験の成績が下がった

ここに示したMECEな分岐の考え方は、物理現象でなくても適用できることがあります。受験を控えた高校生のテストの成績が下がってしまいました。そこで、あらゆる対策を洗い出そうとしたとしましょう。「テストの成績が下がる」ことの要因は何でしょうか。

◇勉強時間が足りなかった

◇出題範囲がたまたま苦手な単元だった

◇試験当日の体調がすぐれなかった

◇試験のときに周囲がうるさかった

などなど、要因を挙げ始めたらキリがありません。

まず「起点の設定」をして、具体的な事象を記述します。今回は、校内の試験の偏差値が下がったことが問題でした。そうすると、「MECEな切り口」が見えてきます。偏差値が下がったということは「自分の平均点が下がった」か「全体の平均点が上がった」かのどちらかです。自分の平均点が下がっていなくても、全体の平均点が上がれば、自分の偏差値は下がるでしょう。

では、「自分の平均点が下がった」理由は…と要因を並べてしまわずに、ここでまた「切り口」を探します。上に挙げた理由のうちの最初の2つは自分に実力があるかどうかの問題で、あとの2つは試験当日に実力を出せるかどうかの問題です。良い点を取る実力があって、当日その実力を発揮できれば、必ず良い点が取れるはずだと考えると、要因は「自分の実力が下がった」か「実力は変わらないが当日その実力を発揮できなかった」かの、どちらかだと言えそうです。

「全体の平均点が上がった」ことの要因は、普通に考えれば「他のみんなの実力が上がった」ことだと思われます。しかしここで、「それ以外の要因は本当にないのか」と考えます。

試験の点数は、問題の難しさとそれを解く人の実力で決まります。**図2-16**の例では「全体の実力値が上がった」と「点を取りやすい問題だった」と展開しています。点を取りやすい問題なら自分も良い点を取れているはずなので、この可能性は却下してもよいのですが、こう考えると、「どう取りやすかったのか。なぜ自分はそこで取れなかったのか」という新たな視点が生まれてくるかもしれません。「全体の実力が上がった」という事象についても、実力を出しやすい要因についてさらに考えられそうです。

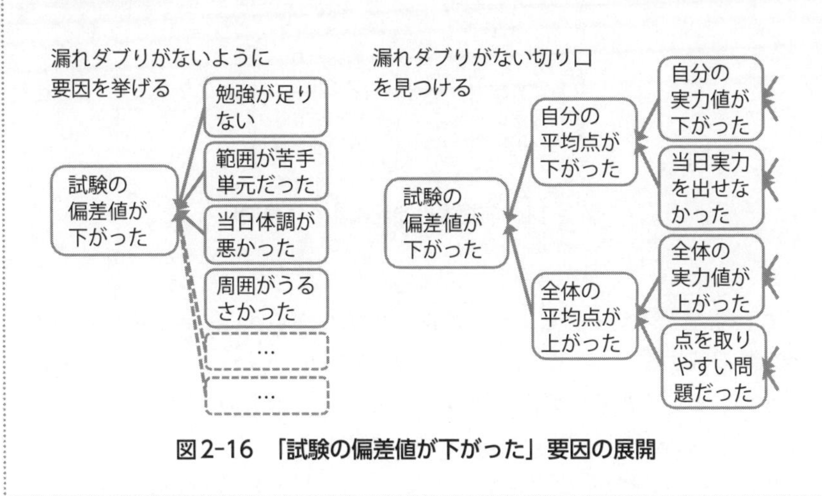

図2-16　「試験の偏差値が下がった」要因の展開

私たちは、MDLTの要因の展開をするときに、**量の大小を表すためによく↑↓という矢印の大小記号を使います**。たとえば、「温度が高い」と書かずに「温度↑」、「速度が低下する」と書かずに「速度↓」という具合です。

この例からもわかるように、日本語は難しい言語で、対象とする量によって大小・増減の表現が変わるのが煩わしく、ときに正しい表現かどうか迷ってしまうこともあります。たとえば、面積は「広い」のか「大きい」のか。「小さい」と状態で書くべきか、「減る」という変化を書くべきか。このように、本質的ではないところで悩むこともあります。しかし、↑↓で書けばそのような問題は一切気にする必要がありません。何と言っても、漢字を書くのに比べると素早く書くことができて、思考を妨げることがありません。

また2.4.1項で触れますが、私たちが開発したツールを使ってメカニズム展開を行うときには、↑↓を使った書き方にはもっと重要な意味が出てきます。上で述べたように、最初は口語的な表現で書いた方がわかりやすいかもしれませんが、慣れてきたらぜひ↑↓を使った書き方にもトライしてください。

⑶ 「定着性が悪い」のメカニズム展開

それでは、例に挙げた定着サブシステムの「定着性が悪い」の具体的なメカ

◇トナー・フイルムの材料は設計するのではなく候補から選定すると考える

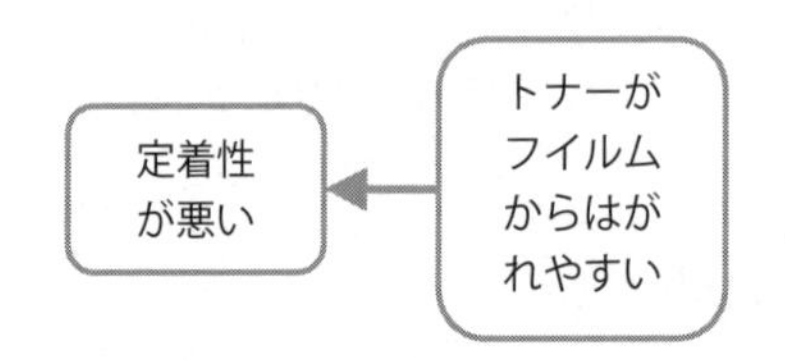

図2-11　前提条件を記載する（再掲）

ニズム展開を考えてみましょう。図2-11で示したように、起点を設定して前提条件を記載するところまで説明しました。この「トナーがフイルムからはがれやすい」という事象の要因を、「量の大小の直接的な因果関係」で「MECEな切り口を見つけて」2分岐で展開してみましょう。

実は、最初の分岐が一番難しいとされています。それは**品質のメカニズムをきちんと考えなければならないから**です。でも、品質を具体的な事象で表すことができていれば、このメカニズム展開ができないということはめったにありません。逆に言えば、このメカニズム展開をルールに沿って進めること自体が、**メカニズムをきちんと考えるための仕掛け**なのです。もしも、2.2.1項の「あるある」で出てきたベテラン技術者が「温度と圧力と時間で展開しよう」と言ったら、「これとこれしかないという2分岐で展開してみてください」とお願いしましょう。それで本質的なメカニズムの議論が始まります。ベテラン技術者の頭の中が見え始める瞬間です。

「量の大小」で因果関係を表しますので、この品質の事象も量で表せているのが理想的です。「はがれやすい」という事象を量で表せないでしょうか。接着剤で貼り合わせたものを、はがそうとしているところをイメージしてください。固着しているもの同士は、少しくらい力をかけてもはがれません。しかし、加える力を次第に大きくしていくと、あるところではがれ始めます。この力が「接着力」です。

はがすのに必要な力「接着力」は接着している面積が大きいほど大きくなるので、ここは面積当たりの力、つまり「接着応力」を考えるのがよさそうです。MDLTは、一度書いたら変えられないというものではありません。より

◇トナー・フイルムの材料は設計するのではなく候補から選定すると考える

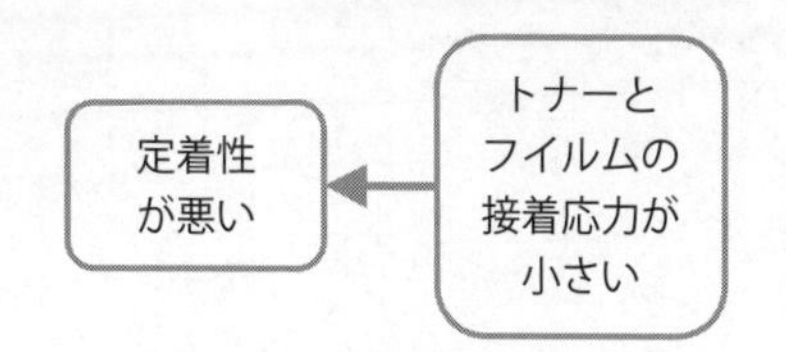

図2-17　事象を量で記述する

良い表現、より良い展開の仕方が見つかったらどんどん改善していきましょう。「はがれやすい」を「接着応力が小さい」に置き換えます（**図2-17**）。

メカニズムについてあまり細かく説明すると長くなりますので、この辺からみなさんがある程度の工学的な知識（「力」と「応力」の違いなど）を持っていることを前提に説明していきます。

溶けて固まったトナーとフイルムの接着応力は何と何で決まるでしょうか。温度や圧力が変わると、なぜ接着応力が変わるのでしょうか。フイルムが均一な材料でできていて、かつ表面がきれいな平面で、溶けたトナーとフイルムが全面的に密着するとしたら、接着応力はトナーとフイルムやその間に介在するものの材料でほぼ決まってしまいます。そこには、温度や圧力が影響する余地はあまりありません。

しかし、実際にはフイルムの表面には凹凸があります。そのため、トナーとフイルムの間には隙間ができ、この隙間の部分には接着力が働きません。たとえば、隙間のために接着している面積が1/3しかないとしたら、接着力は1/3になります。つまり、トナーとフイルムの見掛け上の接着応力は、トナーとフイルムが完全密着したときの接着応力と、フイルムの凹凸によってできる隙間の面積で決まることになります（**図2-18**）。そこで、「トナーとフイルムの接着応力が小さい」という事象の要因を、「密着部の接着応力が小さい」と「実効的な接着部の比率が小さい」に展開します（**図2-19**）。

もう1段展開したのが**図2-20**です。「密着部の接着応力が小さい」の要因を考えるときは、「全面的に密着している」と考えます。密着したときの接着力はトナーとフイルムの材料で決まると書きましたが、フイルムの表面に凹凸が

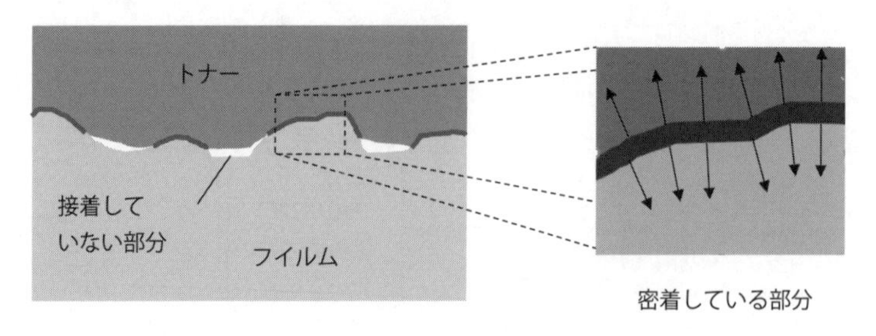

図2-18　トナーとフィルムの接着のメカニズム

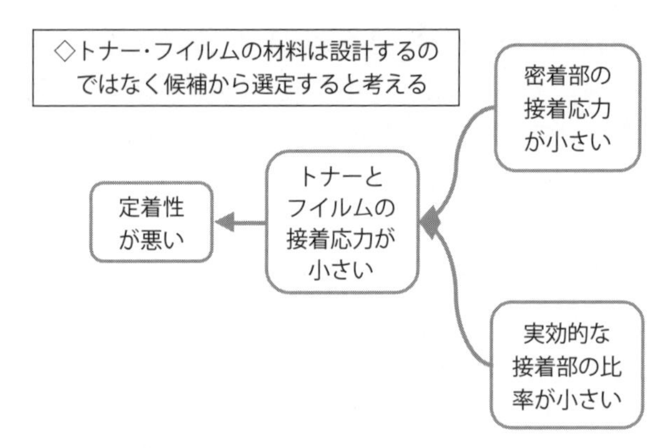

図2-19　「定着性が悪い」の最初の2分岐

ある場合はその影響が現れます。凹凸があれば接着面積が増え、ミクロに見ればば面に対して斜めに力をかけることにもなるので、はがすのに必要な力はその分大きくなります（**図2-21**）。そこでここでは、「ミクロな接着応力が小さい」と「凹凸による接着強化が小さい」に分岐しました。

ミクロな接着応力とは、トナーとフイルムの界面が完全に平面だとしたときの接着応力です。それに対して、「トナーとフイルムの接着応力が小さい」という要因で出てくる「接着応力」は、表面凹凸や接着していない部分があるときに、はがすのに必要な力をマクロな面積で割ったものです。そこを明確に区別するために、「マクロな面積当たりの力」という説明を添えてあります。誤解を招きそうなところ、説明が必要なところは**積極的にメモを書き込むことを**

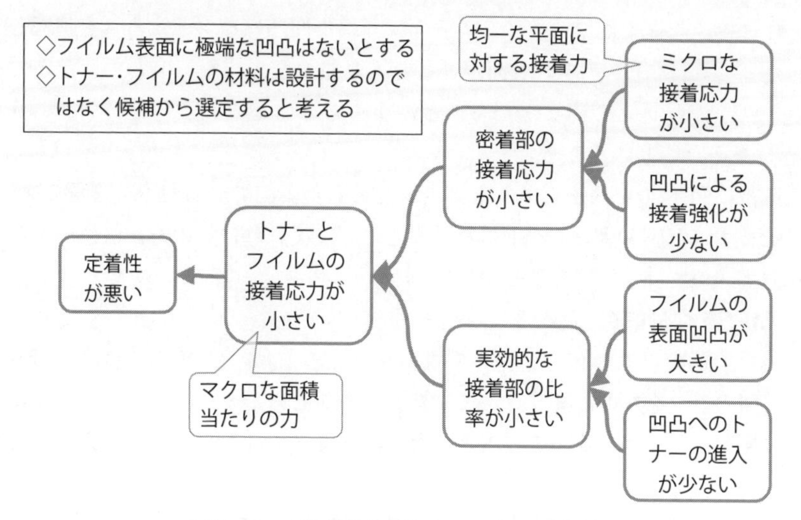

図2-20　「定着性が悪い」の２段目の分岐

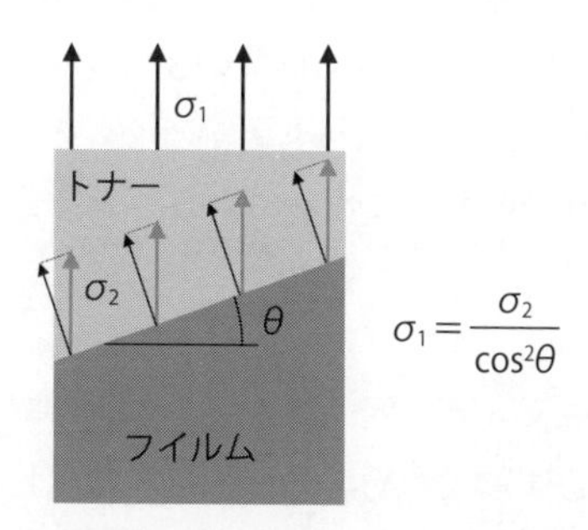

図2-21　フイルムの表面が傾いているときの引張応力の関係

お勧めします。「凹凸による接着強化」とは、図2-21に示した$1/\cos^2\theta$をトナーとフイルムの界面全体にわたって積分したものです。

もう一方の「実効的な接着部の比率が小さい」を考えるときは、「接着応力」のことは忘れて、溶けたトナーがフイルムの表面凹凸にどれくらい入っていくかだけを考えます。こちらは、「フイルムの表面凹凸が狭くて深いためにトナーが入っていかなかった」というフイルム側の要因と、「トナーが十分に柔らかくなっていなかった」、または「十分に圧力がかかっていなかった」などのトナーを押し込む側の要因で決まります。

ここで、前提条件に「フイルム表面に極端な凹凸はないとする」を追記しました。これは、「フイルム表面がひどく入り組んだ形になっていて、ひとたびトナーが流れ込んで固まったら、どんなに力を加えても離れない」という状況[i]は考えないということです。

最後に図2-20を修正して、量に↑↓を付した表記で表したものを**図2-22**に載せます。だいぶコンパクトになりましたし、慣れればこの方が直感的にわかりやすいのではないでしょうか。

(4) MECEな分岐のコツ

因果関係の展開の仕方について説明を終える前に、MDLTにおけるMECEな展開のコツを紹介します。ここに紹介することは、ルールとしてとらえると逆に展開がしにくくなることもあるため、あくまで「コツ」ととらえてください。

私たちは分岐の切り口を見つけるための観点として、よく**「足し算」「掛け算」「せめぎ合い」という表現**をします。これはつまり**図2-23**に示すように、「Aが大きい（または小さい）」という事象の要因を「Bが大きい（または小さい）」と「Cが大きい（または小さい）」という2つの要因に分岐したとき、AとBとCが以下のいずれかの関係になっていることを意味しています。

足し算：AがBとCの和（または差）になっている
　例1：対象物の重量(A)＝容器の重量(B)＋内容物の重量(C)
　例2：水槽の水の体積(A)＝初期の体積(B)−蒸発した体積(C)

掛け算：AがBとCを掛けたもの（または割ったもの）になっている
　例1：容器の重量(A)＝容器の体積(B)×材料の密度(C)
　例2：食塩水の濃度(A)＝食塩の質量(B)÷全体の質量(C)

せめぎ合い：AがBとCのせめぎ合いによって決まる
　例1：滑りの発生(A)は、働く力(B)が最大静止摩擦力(C)を超えるか否かで決まる

i　このような効果を「アンカー効果」と呼びます。

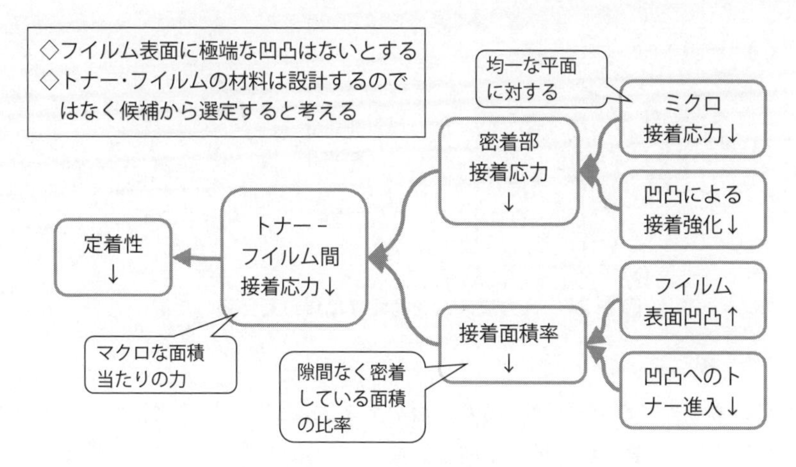

図2-22　↑↓を使った大小の記述

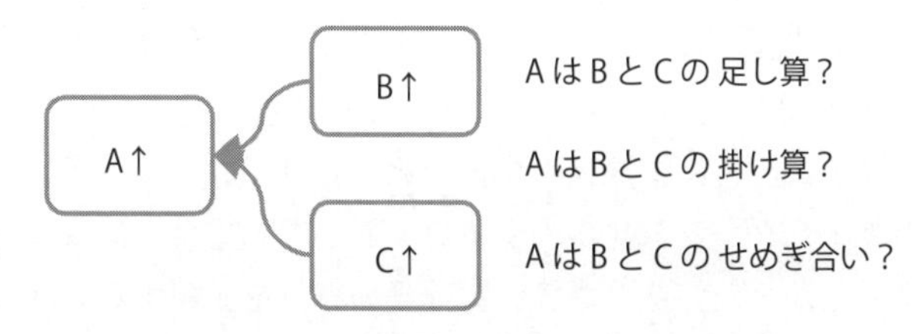

図2-23　「足し算」「掛け算」「せめぎ合い」

例２：モノの変形量(A)は、働く力(B)と、力に対するモノの変形しにくさ(C)で決まる

これらが物理的にもっともわかりやすい要因の展開で、かなり多くの場合にこれらの関係が成り立っています。分岐に迷ったときに、いずれかの関係になっていないかと考えてみると、MECEな切り口が見つかるかもしれません。

要因が物理的な量の大小（増減）で表せるならば、その量には単位があるはずです。上記のいずれかの関係になっているときは、物理量の単位をそろえることができます。「足し算」のときは、ＡとＢとＣの単位は同じになるはずです。「掛け算」のときは、Ａ＝Ｂ×Ｃならば、単位も（Ａの単位）＝（Ｂの単位）

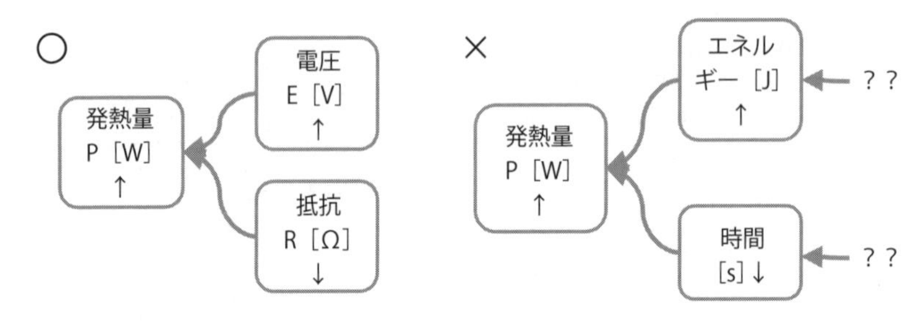

図2-24 メカニズムを考えずに単位で分岐した例

×(Cの単位) になります。「せめぎ合い」で、BとCの量の比較によってAが決まる場合は、BとCの単位は同じになっているはずです。Bが力などのストレスで、Cがストレスに対する強さ（事象の起こりにくさ）であるときは、多くの場合Bの単位をCの単位で割ったものがAの単位になります。

このような関係になっているときは、量を書くときに**併せて単位も書く**ようにすると、物理的でMECEな展開になっていることがわかりやすく、安心です。展開するときに、常に物理量の単位を気にかけておいて、妥当な分岐ができているかのチェックを意識するのもよいでしょう。本書ではこの先、特に単位を気にしていただきたいときだけ、物理量の単位を記載するようにします。

最初に書いたように、常にこのようにきれいな展開ができるわけではないので、あまり「足し算」「掛け算」「せめぎ合い」にこだわりすぎないようにしてください。また、単位がそろってさえいれば、必ず分岐が正しいというわけでもありません。

たとえば、電気抵抗R［Ω］に電圧E［V］を掛けたときの発熱量、つまり消費エネルギーP［W］は$P=E^2/R$です。しかしここで、時間当たりのエネルギーの単位［W］は［J/s］と同じだからと考えて、「発熱量［W］↑」を「エネルギー［J］↑」と「時間［s］↓」に分岐したとすると、電気抵抗R［Ω］と電圧E［V］はその先の展開には出てきません（**図2-24**）。機械的に単位を分解するのではなく、**あくまで物理現象を表す自然法則を見極めて**展開を進めてください。

2.2.4 展開の終了

前項で説明した物理的・論理的な展開は、知識があればどこまででも進めることができます。しかし、2.2.2項の前提条件の説明でも述べたように、「フイルムの凹凸」はフイルムの材料の性質と製造工程で決まり、材料の性質は分子構造で決まり、分子構造は原子と陽子の配置で決まり…などという展開をしても、設計・開発の役には立ちません。この項では展開をどこでどのように止めればよいのかを説明します。

(1) 設計項目または外乱で止める

MDLTの展開は原則として、**要因に「設計項目」または「外乱」が出てきたところで止めます**。ここで言う「設計項目」は、「**自分たちが決めること、決められること**」という少し広い意味にとらえてください。モノの寸法や、電圧などの値はもちろん設計項目ですが、原材料を選定したり、表面仕上げの処理方法を選定したりするような「選択」も設計項目です。

また、ひとつひとつの寸法などの細かい設計項目まで展開するとMDLTが大きくなりますので、決め方がはっきりしている要因が現れたところで止めてもかまいません。たとえば、部品の「体積↑」という要因が出てきたら、寸法で体積が決まることはわかっていますので、細かい寸法まで展開する必要はないというケースです。最終的に細かい設計項目まで展開する意思があるとしても、最初はおおまかな設計項目でいったん止めておき、後から細かい展開をする方がよいこともあります（**図2-25**）。

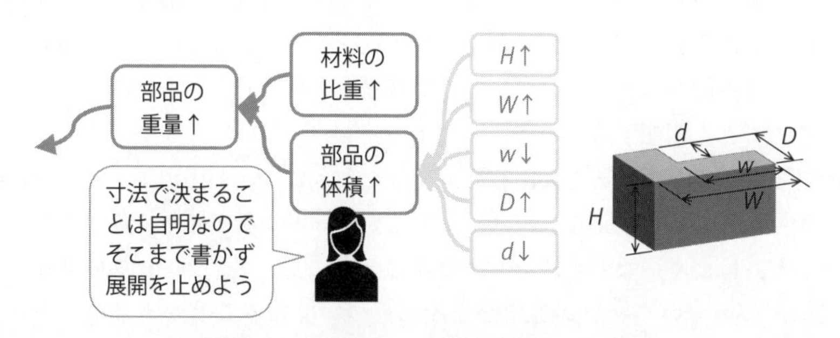

図2-25　細かすぎる展開をせずに止める

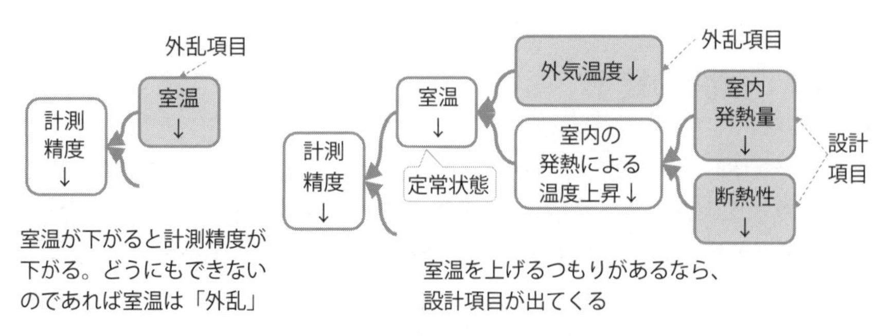

図2-26　設計項目と外乱項目

また**「外乱」とは、「自分たちにはどうすることもできない事象」**と考えてください。たとえば、「室温↓」が要因として出てきたとします。室温が自分たちには制御できないのであれば、それを外乱ととらえてもいいでしょう。室内にヒーターを設置して室温を高くできるのであれば、「室温↓」の要因は外乱である「外気温度↓」と、設計項目である「ヒーターの発熱量↓」などに分岐できるかもしれません（**図2-26**）。

また電子写真の定着システムでは、フイルムの素材や表面凹凸は複写機・プリンターを利用するお客様が決めると割り切れば、それは外乱です。しかし、複写機・プリンターの仕様として「この範囲で使ってください」という指定ができるのであれば、それは設計項目と考えてもよいことになります。

(2) 展開の終了を明記する

展開の終了を明記することには2つの意味があります。ひとつは上で述べたように、設計項目か外乱項目まで要因を展開できたときに、**展開を終了することがわかるように目印をつけておく**という意味です。もうひとつは**「設計項目か外乱まで展開をしていないが、ここで展開を止める」という判断をする**場合に、そのことを明記するという意味です。

設計項目か外乱項目まで要因を展開できたときには、要因ボックスを特定の色で塗ったり、色が使えない場合（ホワイトボードや紙と鉛筆で作成しているときなど）は☆や✓などの印をつけたりします。要因ボックスに展開を終了する目印がついていくと、MDLTが完成に近づいていることが一目でわかります。実際のMDLTは、作成していくとかなり大きくなることがあります。そのときにMDLTが完成に近づいていることがわかると、集中力やモチベーションを保つ効果があります。

自分たちの守備範囲ではない事象までは記述する必要がないと判断して、設計項目や外乱が出てきていなくても展開を止めることがあります。何も考えずに展開を進めると、MDLTは非常に大きくなりますので、むしろ展開を始める前に守備範囲をきちんと決めて、前提条件に記載しておくのが理想的です。展開の途中で守備範囲を絞ってもかまいません。また、時間が限られているときに、展開の範囲を限定する必要が出てくることもあるでしょう。それがMDLT全体に関わることであれば、前提条件に記載するようにしてください。

特定の要因について前提を置いて展開を止める場合は、要因ボックスに**なぜそこで展開を止めるのかがわかるメモ（吹き出しなど）をつけておく**とよいでしょう。そうすることによって、そのMDLTを見た人がその妥当性について疑念を持つことを避けられ、止めた展開を後日再開するのも容易になります。

次節で紹介しますが、ここで選定した設計項目と外乱項目は、4軸表を作成するときに第4軸の項目として現れることになります。

⑶「定着性が悪い」の展開の終了

図2-27に、「定着性が悪い」という事象のMDLTを最後まで展開した例を載せます。図中の番号に対応させて説明していきます。

①「フイルムの表面凹凸」が大きいほど、「凹凸による接着強化」は大きくなります。しかし、他の要因とのつながりから「凹凸による接着強化」は↓、「フイルムの表面凹凸」は↑と、すでに大小関係が逆になっています。このようなときは、**大小関係が逆転していることがわかるよう**に、コネクターに目印をつけます。コネクターの色を変えられるとよいのですが、色を使えないときは、わかりやすいように“くるりと輪を描く”線にするなどの目印を使います。

フイルムの表面凹凸は本来、凹凸の深さや幅などの量で表したいところですが、ここでは簡単に「凹凸」とだけ表現します。そして、どのようなフイルム素材を選択するかで表面凹凸が決まる、と考えます。前提条件に書いたようにフイルム素材は「選択する」ものなので、開発者が選ぶものなら設計項目、ユーザーが選ぶものなら外乱項目です。いずれにしても、ここで展開は終わり

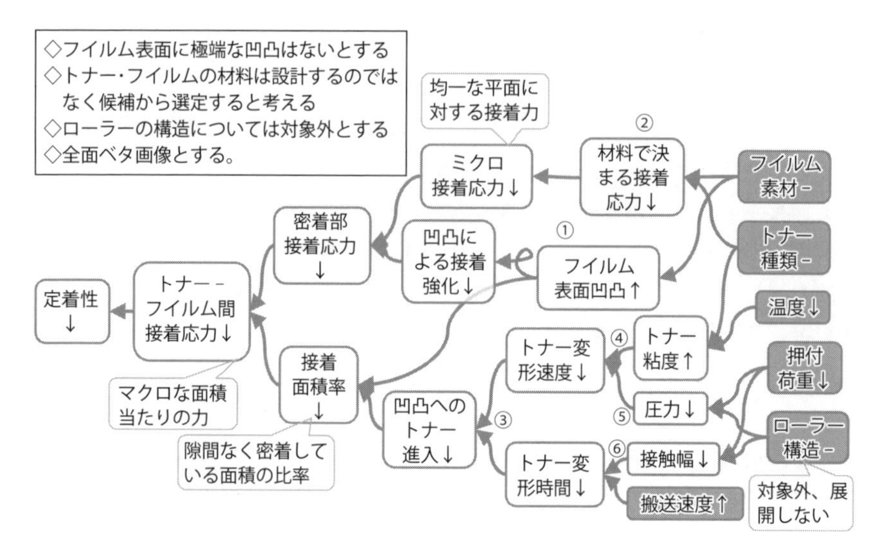

図2-27　「定着性が悪い」の展開の終了

なので、目印としてグレーの色をつけました。

②は、トナーとフイルムが完全に平面で密着しているときの接着応力なので、設計項目である「フイルム素材」と「トナー種類」で決まるとします。いずれも量の概念はないため、それが明示的にわかるように↑↓の矢印ではなく「-」を記載してあります。

③の「凹凸へのトナー進入」は、トナーが凹みにどれだけの距離を進入していくかということなので、「トナー変形速度」と「トナー変形時間」の掛け算で決まると考えます。お気づきでしょうか？　図2-6で説明した「定着設計の3要素」のひとつである「時間」が、やっと出てきました。

④トナーが柔らかくなるほど、そして大きな力がかかるほど「トナー変形速度」は大きくなります。トナーの柔らかさは、液状の物質の変形しにくさを表す「粘度」が要因と考えます[i]。トナーは「温度」が高くなるほど柔らかくなり粘度が下がりますが、温度が上がったときに粘度がどの程度下がるかは「トナー種類」で決まります。温度は実際にはヒーターの温度やローラーの熱の伝

i　トナーは十分溶けていないときは固体的な性質を示し、溶けると徐々に液体的な性質を示す「粘弾性」と呼ばれる特性を持つため、実際にはもっと複雑です。

わりやすさ、熱をかける時間などさまざまな要因で決まりますが、ここではトナーがある温度になるようにヒーターの発熱を調整できると考えて、「温度」を設計項目にしてここで止めます。

「定着設計の3要素」のひとつである「温度」は、メカニズム展開の最後にやっと登場しました。図2-6で示した「ベテラン技術者のロジックツリー」のように、最初に「温度」が出てきたら、きちんとしたメカニズム展開ができるはずがありません。

⑤トナーに働く力は、面積当たりの力である「圧力」です。「定着設計の3要素」の3つ目です。圧力は、設計項目であるローラーに加える「押付荷重」と、ローラーの大きさや柔らかさなどローラー側の要因で決まります。今回の例では、ローラーの設計はこのMDLTを作成したチームと別のチームが行うこととします。このため、ここでは「ローラー構造」とだけ表現して、「対象外、展開しない」とメモをつけて展開を止めました。

⑥トナーが変形できる時間は、ローラーとローラーが押し付け合っている「接触幅」が小さいほど短く、トナーが接触部を通過するときの「搬送速度」が大きいほど短くなります。「接触幅」もやはり「押付荷重」と「ローラー構造」で決まります。「搬送速度」は設計項目です。

もうひとつ、このツリーから「定着の3要素」について言えることがあります。「圧力」を変えるためには「押付荷重」を変えなければなりませんが、「押付荷重」を変えると、3要素のもうひとつである「トナー変形時間」も変わってしまいます。ですから実際には、「圧力」と「時間」は必ずしも独立には決められないのです。ベテランの技術者にとっては、そんなことはもちろん常識ですが、「定着は温度と圧力と時間だ」と教えられた若手技術者にはそこまで理解できていないかもしれません。

作成したMDLTにもう少し情報を追加しましょう。私たちが開発したシステムやMicrosoft® Excelなどのツールを使うときは、**コネクターの太さで因果関係の強さを表現**しています。「Bが増えるとAが増える」という因果関係は同じだとしても、Bに比例してAが増える場合もあるでしょうし、Bが増えてもAは少ししか増えない場合もあるでしょう。「Bが増えるとAが増えると思われるが、本当に増えるかどうかは実際に試してみないとわからない」という場合もあるでしょう。私たちは要因の影響の強さに応じて、3段階の太さで影

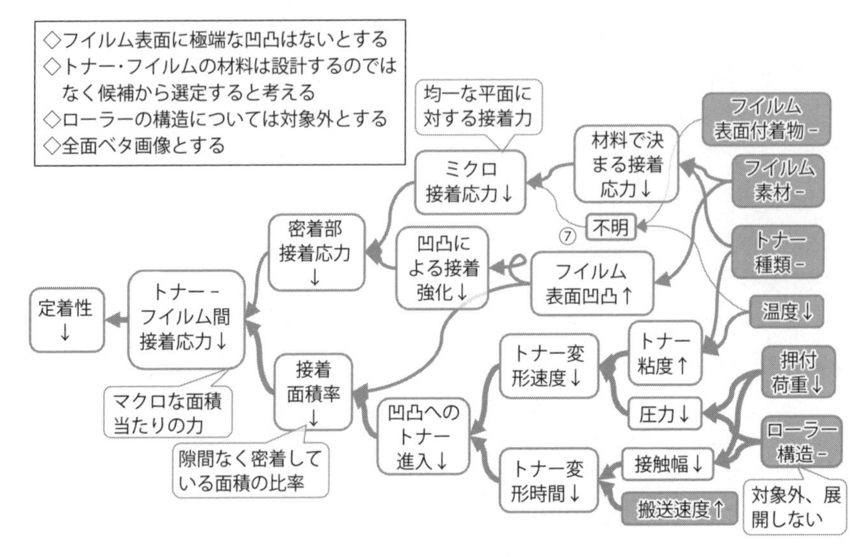

図2-28　完成した「定着性が悪い」のMDLT

響の強さを表現しています。

極太線：支配的な因果関係（比例関係など）があるとき
中太線：支配的ではないが、明確な因果関係があるとき
細線　：因果関係があると思われるが、確かでないか、影響が小さいとき

図2-28の完成したMDLTでは、「定着設計の3要素」に関わる要因が重要であるとして、線を太くしました。

また、着目している品質事象について、すべてのメカニズムが明らかになっているとは限りません。「品質改善のためのノウハウとして関係があると伝えられているが、なぜ関係があるのか説明できていない」「ある事象が品質に影響するのではないかと思われるが、明らかになっていない」など、あいまいさを残す情報も知見として残しておくべきです。

このようなときは、**メカニズムが明確でないということを明示**した上で、想定される因果関係をMDLT上に記載することをお勧めします。図2-28では、「ミクロ接着応力」が定着するときの「温度」によって変わるのではないかという仮説や、「フイルム表面付着物」があるときに接着応力が少し変わるという事実を、⑦のようにメカニズムが「不明」であることがわかるようにして関係を細線で表しています。

2.3 メカニズムを「使える」：4軸表

第1章で説明した通り、MDLTと4軸表には密接な関係があります。まず4軸表の考え方について紹介した上で、MDLTとの関係を説明します。4軸表は品質機能展開のひとつの形態と言えます。

2.3.1 QFD（品質機能展開）とは

品質機能展開は、一般にQFDと略されます。QFDは1960～1970年代にかけて、日本の製造業の中で生まれた品質管理手法で、ユーザーの要求を把握し、それを製品に作り込むまでの品質保証のための手法です[7,8]。具体的には「ユーザーの要求を代用特性に転換し、完成品の設計品質を定め、これを各機能部品の品質、さらに個々の部品の品質や工程の要素に至るまで、これらの間の関連を系統的に展開していくこと」と定義されています[i]。

その代表的な流れを**図2-29**に示します。製品に対する顧客要求を集めて要求品質へと落とし込み、品質企画に基づいて品質要素を抽出し、それらの対応関係を表す品質表を作成します。さらに、各要求品質の重要度や競合他社に対する差別化ポイントを整理して重みづけし、品質要素の重要度に変換して設計品質を考えます。これによって、市場のニーズを適切に設計品質に反映するとともに、品質コストを低減することを主な狙いとしています。

近年、その概念はさらに拡張され、顧客要求から品質、設計、技術、生産、コスト、信頼性、業務へと展開し、それらの関係を有機的に把握する統合的品質機能展開の考え方が一般的になっています（**図2-30**）。そしてこの考え方に

i　これは広義の品質機能展開の定義で、「業務機能展開」とも呼ばれる狭義の品質機能展開とは区別されています。

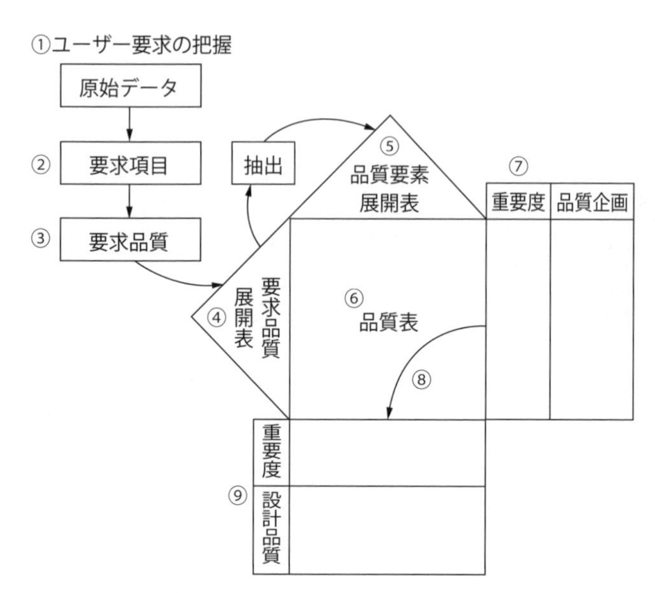

図2-29　代表的なQFDの流れ（参考文献7より引用）

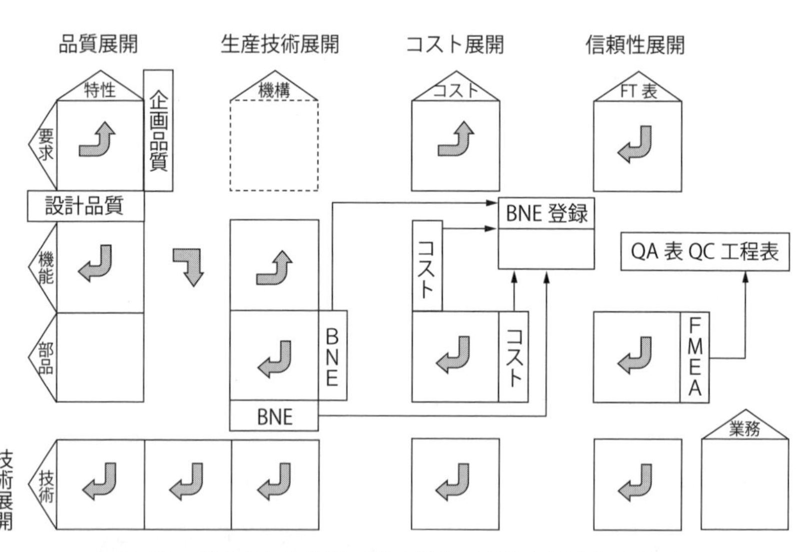

図2-30　統合的品質機能展開の流れ（参考文献7より引用）

伴い、さまざまな種類の2元表が定義されています。このような成り立ちから、QFDは2元表を作ることであるととらえられることも多いのですが、QFDは本質的にはこのような手法を駆使して製品の品質を作り込むための体制作りや情報の連携・蓄積を含む、広い意味の活動ととらえるべきと考えられます。

富士ゼロックスでは、メカニズムベース開発において設計根拠を現場活用するとともに、メカニズム思考を前提とした技術者間のコミュニケーションを活性化するための手法としてQFDを位置づけ、模索してきました。社内の一部の部門において、昔から4軸の表でインプットとアウトプットの関係を記述する方法[i]が使われていたことに着目し、**誰もが同じ思考で設計と品質の関係を議論し、把握できるようにする**ための4軸表を定義しました。さらに、**メカニズムのあいまいさを排除して、項目の抜け漏れをなくす**MDLTと連動させるための仕組みを作りました。

このMDLTと4軸表を連携させた手法を、メカニズムベースQFD（MB-QFD）と呼んでいます。以下に、4軸表の具体的な構成と作成の仕方、MDLTとの関係について説明します。

2.3.2 4軸表の考え方

(1) 4軸表の構成

4軸表は4つの項目軸と、各軸の間の因果関係を示す3つの2元表でできています。図2-30にも示したように、共通な項目軸を持つ複数の2元表をつないで考える、ということは品質機能展開の世界ではよく行われています。

しかし、MB-QFDの4軸表は、4つの軸がさまざまな開発フェーズ（研究、技術開発、商品開発、生産準備など）で適用できるように**明確かつ包括的に定義**されていることと、この十字型の**4軸の書式を常にセットで考えて分解しない**ことが特徴です。これは、異なる機能を持つ部門やチーム間、および世代間で、事象のメカニズムに立脚したコミュニケーションをとるための共通言語として機能するように試行錯誤した結果、たどり着いた考え方です。

---

i　「はじめに」でも紹介しましたが、富士ゼロックスの社内ではこの4軸表を「QA表」と呼んでいます。一般のQFDでもQA表という表が使われますが、それとは異なります。

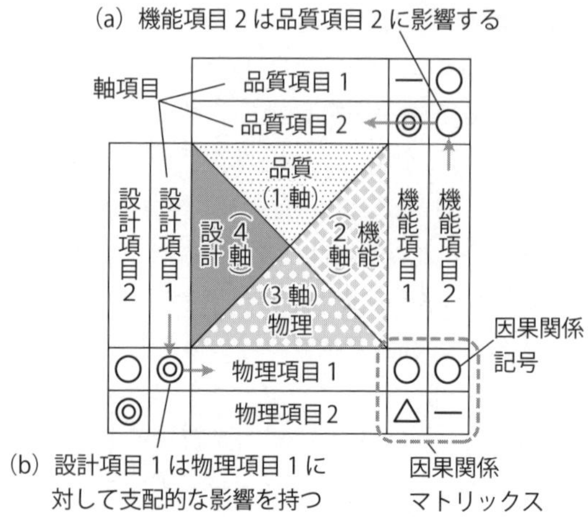

図2-31　4軸表の基本構成

図2-31が4軸表の基本構成です。**第1軸には「品質」、第2軸には「機能」、第3軸には「物理」、第4軸には「設計」**という包括的な名称がつけられています。「包括的」と言っている理由は、基本的な考え方を表すのがこの名称であって、実際に業務の中で4軸表を作るときにはそれぞれの仕事に適した軸の名前をつけ直すことが多いからです。

各軸に記載されている項目が「軸項目」、隣り合った軸の間に配置されているのが「因果関係マトリックス」です。軸項目には量の言葉を記載するのが原則ですが、「原材料の種類」のように量では表せない項目もあり、慣れないうちは「～のしやすさ」「～の傾向」のように自然な言葉で記載した方が書きやすいかもしれません。因果関係マトリックスに記入されているのは「**因果関係記号**」で、以下のように取り決めています。

◎：支配的な影響（比例関係など）がある
○：支配的ではないが、明確な影響がある
△：影響があると思われるが、確かでないか、影響が小さい
－：影響がない

お気づきかもしれませんが、これらは2.2.4項で説明した、MDLTのコネクターで表す因果関係の強さに対応しています[i]。たとえば、図2-31の(a)で指した因果関係記号は、「機能項目2」という機能軸の項目が「品質項目2」という品質軸の項目に影響することを示しています。記号は「○」なので、影響が非常に大きいわけではありませんが、明確に影響があることになります。

(b)で指した因果関係記号は、「設計項目1」という設計軸の項目が「物理項目1」という物理軸の項目に影響を持つことを示しています。記号は「◎」なので、支配的な影響があり、「設計項目1」が大きく変化すると、「物理項目1」も大きく変化します。影響が小さいときと、確かでないときは「△」を使い、影響がないことがわかっていることを明示的に示すには「－」を使います。

色が使えるツールがあるときは、因果関係記号の種類に加えて色を使い、**相関の極性（正の相関か負の相関か）**を表します。記号の色が青のときは正の相関、赤のときは負の相関です。相関の方向を表すときには、各軸項目が量の表現になっている必要があります。軸項目が量で表せないときや、相関の方向がわからないときには黒を使います。

図2-31の(a)で因果関係記号「○」が青とすると、「機能項目2」が大きいときには「品質項目2」がある程度良くなることを意味します。図2-31の(b)で因果関係記号「◎」を赤とした場合、「設計項目1」を大きくすると、それに伴って「物理項目1」が小さくなることを意味します。本書では色はつけられませんので、相関の極性を表すことが必要なときは、代わりに**図2-32**のように記号を塗りつぶす濃さで色を表すようにします。このとき、黒の「◎」の内側の○は白抜きの線で表します。

4軸表はMicrosoft® Excelなどのスプレッドシートを使って作成することができます。しかし、この後説明するように各軸の項目を漏れダブりなく挙げるのはなかなか難しいものです。また、項目間の因果関係もしっかりとした根拠をもって決めるのは大変で、「何となく関係がありそう」ということで記号をつけてしまうことが多くなる傾向があります。この問題をMDLTと連携することによってカバーすることにしました。

---

i　MDLTでは、因果関係がないときはコネクターを描きませんので、「影響がない」に対応するコネクターの表記の仕方は説明にありませんでした。

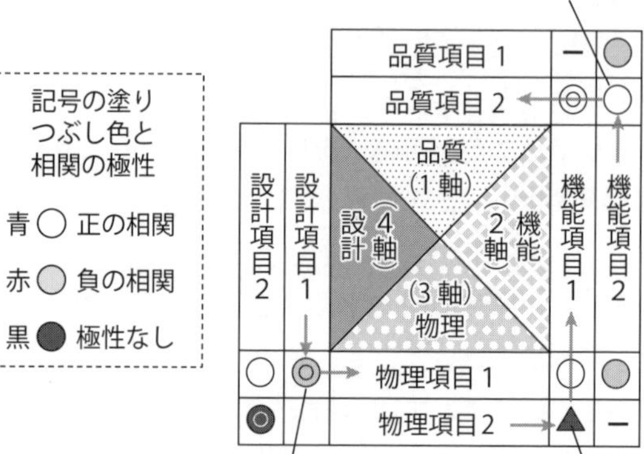

図2-32　因果関係記号の色と相関の極性

COLUMN

4軸表は定義があいまい?

4軸表の因果関係は「◎○△－」の4段階で表していますが、もっと細かい段階で表したり、数字で表したりした方が因果関係を正確に表すことができるのでは？という質問を受けることがあります。また、因果関係の強さが「◎○△－」のどれに該当するのかを判断する客観的な基準はないのか、という質問もあります。

確かに因果関係の強さを細かい段階で表せる方が、因果関係を正確に表せますし、数字で因果関係の強さを表せば、関係の強さを計算することもできるかもしれません。しかし、そうするには因果関係の強さが正確にわかっていることが要求され、関係の強さを判定するために相応の労力を伴います。4軸表の狙いは品質向上の対策検討や、設計変更の影響の波及などに見落としがないようにすることであって、対策の有効性や二次障害の影響を定量的に評価することではありません。

4軸表を運用する上でひとつのネックになるのは、作成のための苦労と要する時間です。関係を精度良く表そうとすると、その分時間もかかりますので、ある程度のあいまいさが入ったとしても4段階程度で表現して素早く作成するのが妥当だと判断しました。対策の有効性や二次障害の判定は４軸表の役目ではなく、それらは実際の開発・設計行為になります。後ほど説明する、技術情報を属性で管理するTDASへのリンクを使って適切な情報を参照できるようにすることで、効率化を図れるでしょう。

因果関係の強さの判定基準についても、項目間の相関係数の大きさなど統計量を使って定義することは可能ですが、実際の因果関係の強さの判断は技術の内容や業務の種類により異なることがわかっています。判定基準などをきちんと定義しすぎると、考え方の汎用性がなくなり、特定の種類の技術や業務にしか使えない仕組みとなります。また、判定に時間がかかることにもつながるため、あえて判定基準は若干のあいまいさを持たせた表現になっています。

⑵ ４つの軸の定義

それぞれの軸について、もう少し詳しく説明していきます。少々変則的ですが、まず第1軸と第4軸を説明した後に、第2軸と第3軸の説明をします。一般には、第1軸と第4軸の項目はあらかじめわかっている場合が多く、順番として第2軸と第3軸の項目を後から決めることが多いためです。

第1軸の「品質」は**自分たちのアウトプットを次工程に渡すときに、受け手に保証する事柄**です。誰を受け手と想定するかは、業務としての役割に依存します。同じ商品開発部門でも、「アウトプットは商品で、受け手はお客様」と考える場合もあるでしょうし、「開発のアウトプットは製造部門に適切な製造情報を渡すこと」という考え方もあるでしょう。また、部品開発チームの品質はその部品を使った設計を行う設計チームの満足度かも知れませんし、部品開発がミッションでもあくまでお客様の満足がアウトプットの品質と考えることもあるでしょう。

いずれにしても、何を誰に対して保証するのか、を明確にすることが重要です。「トラブルが起こらないこと」も保証する品質の一部となるので、トラブルも品質項目に含まれます。例に挙げた定着システムでは、紙が通過するときに紙にしわが寄る「紙しわ」が典型的なトラブルのひとつです。ですから品質項目として「紙しわ」と記載しますが、当然のことながらこれは「紙しわ」が「起こらないこと」が要求される品質です。

第4軸、「設計」の軸項目には**自分たちが決める「設計項目」**を記載しますが、**自分たちの意図と関係なく変わる「外乱項目」を含めることもあります。**これらは、2.2.4項で説明したMDLTの展開を止めるときと同じ考え方です。「設計項目」は設計対象として決められている項目だけでなく、「自分たちが決めること、決められること」という広い意味にとらえること、「選択」も設計項目であること、細かい設計項目ではない大きなくくりで記載してもよいことなど、ポイントはMDLTの展開を止めるときと同じです。

第2軸は「機能」で、**第1軸の品質項目を決める「システムのはたらき」**の項目です。対象としているシステム全体のはたらきではなく、その中の一部である部分システムのはたらきである場合もあります。第2軸の機能がきちんと発揮されれば、要求される品質を実現できることになります。上に書いたように、第1軸にはトラブル項目が含まれる場合もあり、「システムに期待されるはたらき」だけでなく「発揮してほしくないはたらき」も第2軸に含まれます。「軸項目には量の言葉を記載するのが原則」と書きました。つまり、同じ「機能」を記載するにしても、その発現の度合いを量的に表した「性能」の量を記載する方が理想的です。

第3軸の「物理」は、第4軸の「設計」の項目が決まることによって起こる**物理事象の特性値**の中で、第2軸の「機能」を決める上で押さえておくべき項目です。設計項目が決まることによって連鎖的に起こる事象がたくさんあるかもしれませんが、その中でも**予測や計測によってしっかりと管理しておく**べき特性値を漏れダブりがないように決めます。化学的な事象や、電気的な事象なども含めた広い意味での物理事象ととらえてください。また、制御などを伴う事象では、統計や確率で決まる数学的な特性値、アルゴリズムで決まる論理的な特性値などが含まれることもあります。

第3軸の項目は、計測や予測によって把握できるのが理想ですが、中には管理したいが把握できないという場合もあります。そういう項目を抽出して、それらを測る技術の確立を促すのも4軸表の重要な役割のひとつです。第2軸の項目も物理的な特性値になることが多く、第2軸と第3軸の区別が少し難しいですが、第2軸は「品質」を決めるシステムのはたらきを表す要因であるのに対し、第3軸は設計によって決まる、管理するべき物理事象の特性値です。そこには明確な定義による線引きはないため、関係者の間で議論をして解釈を統

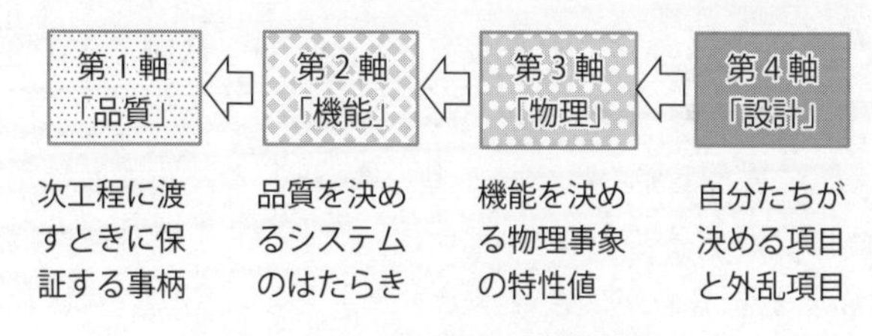

図2-33　４軸表の軸の考え方

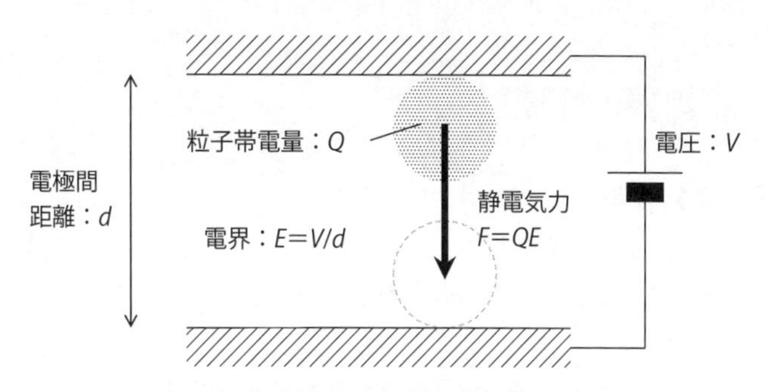

図2-34　静電気力による粒子移動システム

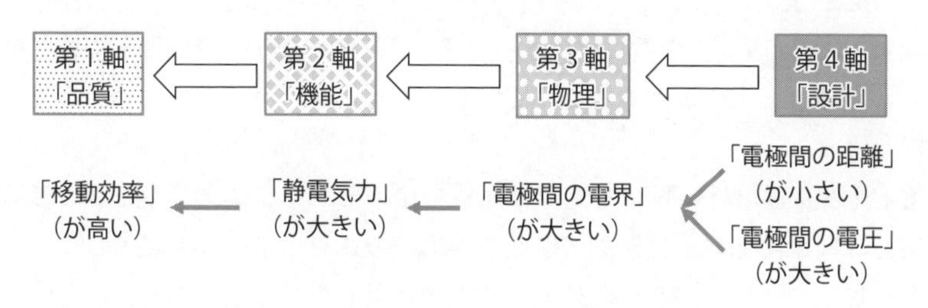

図2-35　粒子移動システムの軸項目の例

一しなければならないこともあります（**図2-33**）。

例を挙げて説明します。対向する電極の間にある粒子を静電気力によって移動させるシステムを考えます（**図2-34**）。どの程度確実に移動させられるかを表す「移動効率」という品質を考え、設計項目として決められるのは電極間にかける電圧と電極間の距離だとします。この場合、「移動効率」を高くするための「機能」、つまりシステムとしてのはたらきは粒子に静電気力を働かせるということです。したがってそれを量で表した、粒子に働く「静電気力」が第2軸の項目として適切でしょう。

静電気力は帯電量と電界の積で決まり、「電圧」と「距離」は電極間の電界を決めるために設計する項目になります。ですから、第3軸の項目としては「電極間の電界」とするのがよさそうです。もちろん実際には、粒子と電極の付着力や粒子の帯電量など、他にもさまざまな要因が軸項目として入ってきます（**図2-35**）。

2.3.3　4軸表の作成

(1) 4軸表を直接作る

ここから4軸表を作る手順について説明していきます。まず、4軸表そのものを作る流れについて説明した後に、MDLTを使って漏れダブりのない4軸表を作る方法を説明します。

スプレッドシートなどを使って4軸表の書式を作成したら、まず軸項目を埋めます。一般には、第1軸の「品質」と第4軸の「設計」の項目が先に埋まります（**図2-36**）。

「品質」と「設計」の項目が決まったら、第2軸、第3軸の項目を決めていきます。決め方にルールがあるわけではありませんが、ひとつの典型的な流れを説明します。

第1軸の品質項目に対して、その品質を決めるシステムの機能を第2軸に書き出し、因果関係マトリックスにその関係の強さを示す記号を記入します。各品質に対して、機能が互いに独立であるとは限りません。つまり、ひとつの機能が複数の品質に影響することもあります。また、品質を決めるための機能としてのはたらきを持っていなくても、いずれかの品質に影響する可能性がある、という項目があるかもしれません。そのような項目は二次障害の原因にもなるため、注意しながら抽出するとよいでしょう（**図2-37**）。

因果関係記号の強さについては、「たぶん関係が弱いだろう」という仮説から入り、実験で検証したり、関係者の間で合意形成したりする場面も多いと思います。そのような場合は記号の色を薄くしたり、セルに色をつけたりするなどして、**仮説であることがわかるように**しておきましょう。

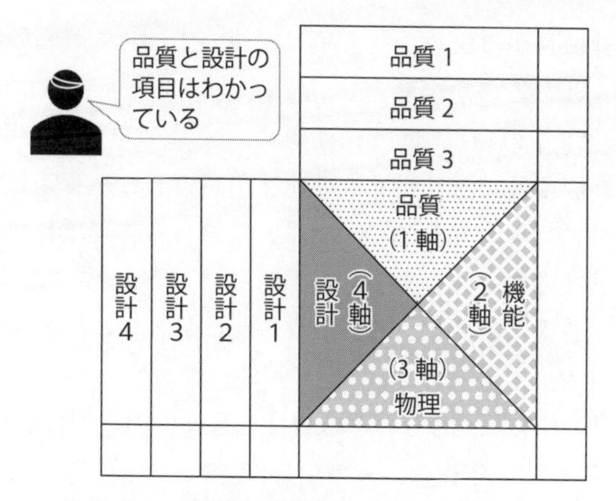

図 2-36　品質軸と設計軸の項目を決める

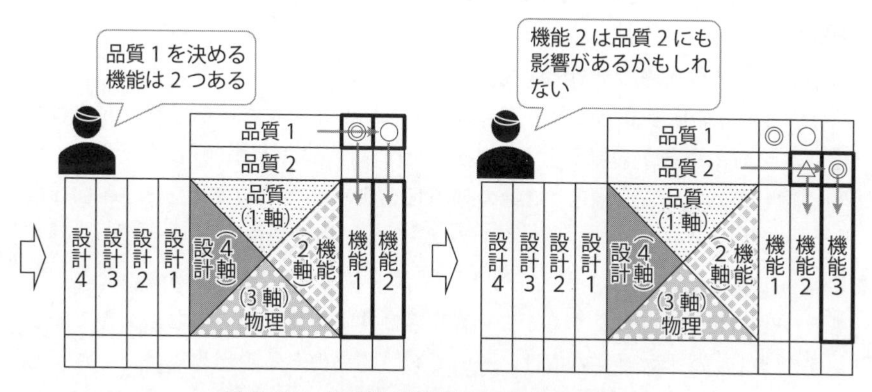

図 2-37　第 2 軸の軸項目と因果関係の記入

次に第3軸の物理の項目と、それぞれの項目の因果関係を書き出します。「第4軸の設計項目は、どのような物理現象を起こし、どういう量を変えるために決めるのか」と考えて第4軸側から決める場合もあります。また、「第2軸の項目である機能を発現するためには、どういう物理現象が起こっていればよいのか」と考えて第2軸側から決める場合もあると思います。当然のことながら、第3軸のひとつの項目が、他の軸の複数の項目と因果関係を持つこともあります。

第4軸の設計項目から決めた物理項目については、それらの物理項目が第2軸のどの機能を決めるのかを考えて、因果関係マトリックスに因果関係記号を記入します。第3軸の物理項目が第2軸のいずれの項目にも影響しない場合は、第2軸の機能項目に漏れがある可能性が高いことを意味します。第2軸の機能項目から決めた物理項目については、これらの物理項目が第4軸のどの設計項目により決まるのかを考えて、因果関係マトリックスに因果関係記号を記入します。この作業の最中に、設計項目に漏れがあることに気がつくことがあるかもしれません。

第4軸の項目の中に、第3軸のどの項目とも強い因果関係を持たないものがある場合があります。それは、その項目がさほど重要でない設計項目であるか、第3軸の項目に漏れがあることを意味します。そのような観点で、項目の漏れダブりや重要度について整理しながら作成を進めるとよいでしょう（**図2-38**）。

⑵ MDLTから4軸表を作る

⑴で4軸表の成り立ちと作り方について説明しましたが、取り扱う対象となるシステムや事象が複雑なとき、4軸表を作る作業はかなり難しくなります。特に難しいのは、第2軸と第3軸の軸項目を決めるところです。第2軸は「機能」の軸ですが、図2-5でも紹介したように、「何を機能ととらえるか」は人によって考え方が異なりがちですし、品質を決める機能を思いついたとしても、挙げた機能に漏れダブりがないかを判断するのはとても難しいものです。

また第3軸の「物理」の項目についても、関係のある物理現象はたくさんあり、中には似通っているものや互いに依存関係のある事象もあって、こちらも挙げた項目の妥当性を確認するのはかなり困難です。そして、複雑な現象が間にある場合は、因果関係の強さも直感で「何となく」つけることになりがちです。

そこで、MDLTから4軸表を作ることで、それらの問題を解決します。せっかく「定着性」のMDLTを作りましたので、この事例で説明しましょう。

図2-28の「定着性が悪い」のMDLTを再掲します。2.2節で説明したように、MDLTを作ることで品質に関係する事象の因果関係をMECEに展開し、設計項目をMECEに洗い出すことができました。MDLTは品質を起点としますので、一番左に現れている項目は「品質」項目で、4軸表の第1軸に相当し

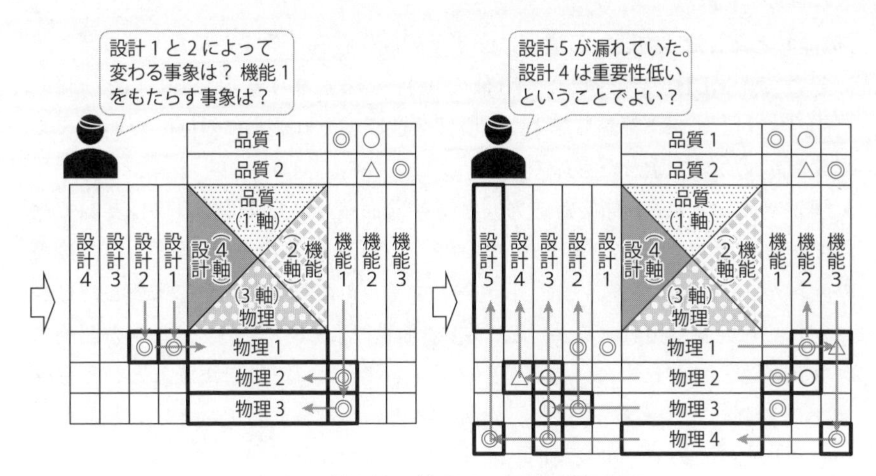

図2-38　第３軸の軸項目と因果関係の記入

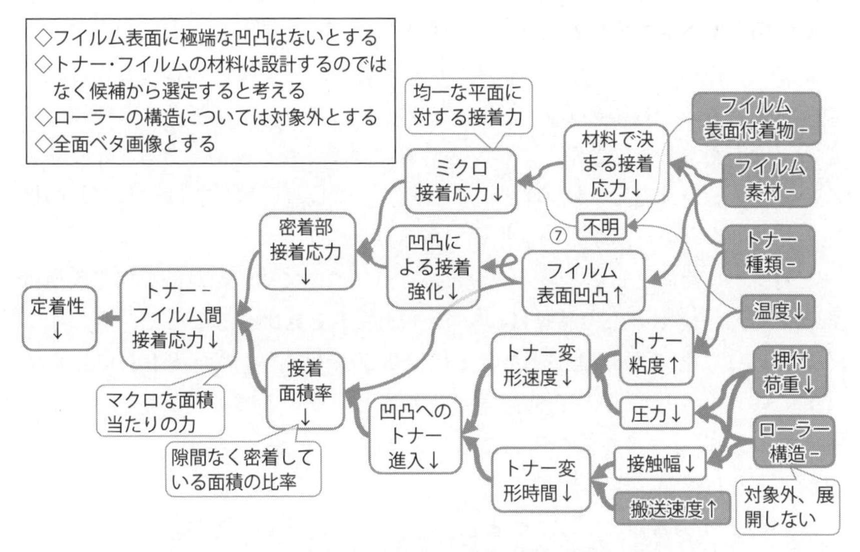

図2-28　完成した「定着性が悪い」のMDLT（再掲）

ます。また、一番右に現れる展開の終点は設計項目または外乱項目なので、第4軸の「設計」項目です。つまり、MDLTに第1軸の品質と第4軸の設計・外乱項目の因果関係が漏れダブりなく表現できているとすると、4軸表の第2軸

「機能」と第3軸**「物理」の項目は必ずその間に存在する**ことになります。

そこで、MDLTで第2軸と第3軸の項目を探します。**図2-39**は図2-28のMDLTに対して第1軸から第4軸の項目を選び、それぞれに対応したパターンで要因ボックスを塗ったものです。

図2-39では、「密着部接着応力」と「接着面積率」を第2軸の項目として選んでいます。これは2.2.3項の(3)で説明したように、トナーとフイルムの接着の強さが、「密着部接着応力」（トナーとフイルムの材料が完全に密着したときにどれくらい強く接着するか）と、「接着面積率」（トナーがフイルムの凹凸に入り込むことでどれくらいの面積が密着できるか）の2つで決まるという意味となります。この2つが「機能」であると言われると、ちょっとピンとこないかもしれませんので、少し説明します。

MDLTからもわかるように、システムの品質をもたらす上でさまざまな事象が起こります。**「機能は何か」という問いは、その事象の中でどれを「システムに期待するはたらきととらえるか」という問いと同じ**だ、と私たちは考えました。この場合は、「トナーとフイルムの材料が完全に密着したときの接着の強さをできるだけ高める」ことと、「トナーとフイルムが密着する面積をできるだけ広くする」ことが、このシステムに期待される役割である、ととらえるのです。そうすると、「密着部接着応力」と「接着面積率」はそれぞれの機能の発揮の度合いを示す量的な指標であることになります。

どの事象を機能としてとらえるかという点については、絶対的な判定基準はありません。いくつかの品質についてのMDLTを見比べることで、変わってくるということもあります。たとえば図2-39では、「接着面積率」ではなく「凹凸へのトナー進入」が機能の項目であるというように表現することもできます。つまり、「フイルムの凹凸にできるだけトナーが入っていくようにする」というはたらきが、このシステムに期待されているということです。その意味では、「誰が決めるかによって機能の項目が変わる」という可能性はあります。

しかし、「機能は何ですか？」という問いに対する考え方や答えが人によって異なるのに比べると、「この事象の中でどれを機能ととらえますか？」と考えた方が格段に人によるばらつきが少なくなり、議論して合意するのも簡単になります。何より、関係する事象はすでに漏れダブりなく洗い出せているため、いったん選んでしまえば「他にはないか？」と心配する必要がありませ

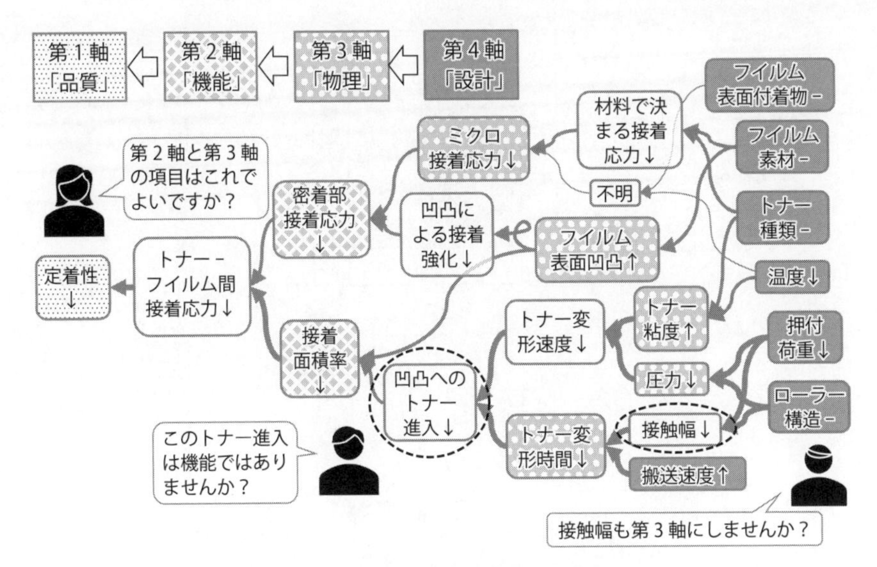

図2-39　4軸の項目を選定したMDLT

ん。

実際に第2軸の項目を選ぶときは、ツリーの下流（右側）の項目を選ぶと数が多く、内容が細かくなり、設計に直結した項目も増えてきます。このため、品質の事象から1〜2回分岐した程度の項目を選ぶのが一般的です。

図2-39では、第3軸の「物理」の項目も選択して表示してあります。4軸表を作成するときと同様に、第3軸の項目は第2軸の「機能」を発揮するにはどういう物理現象が起こればよいかという考え方と、第4軸の「設計」の項目を決めることでどういう物理現象が起こるのかという考え方の、両方で決めるとよいでしょう。**どの物理量を（できれば測定して）管理すべきなのかを考え**て、第3軸の「物理」項目を決めてください。

特にMDLTのサイズが大きくなるとたくさんの物理事象が存在し、どれを選ぶべきなのか迷うこともあります。たとえば図2-39では、「トナー変形時間」だけではなく、その右側にある「接触幅」も第3軸の「物理」の項目として、4軸表に表示したいという意見があるかもしれません。しかし、第3軸の項目を選ぶときはできるだけ第4軸から第1軸の関係の中で、第3軸と第2軸が1回ずつ出てくるように選んでください。この例では、「接触幅」と「搬送速度」

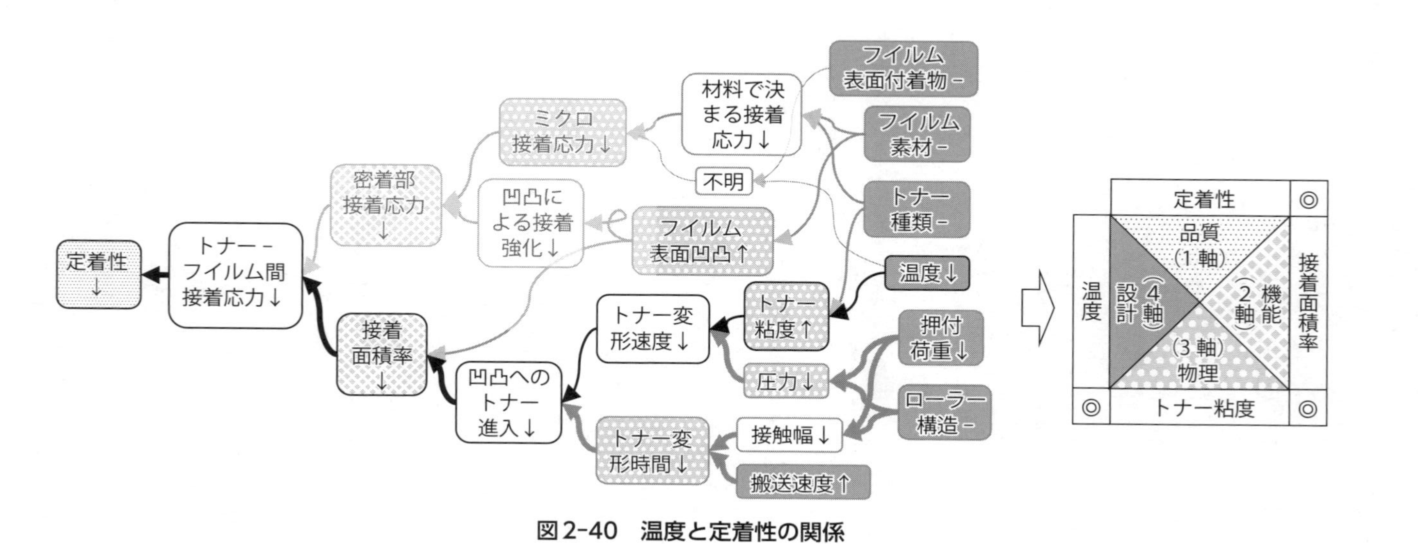

図2-40　温度と定着性の関係

	ローラー				フイルム		定着性	○	◎
搬送速度	構造	押付荷重	温度	トナー種類	素材	表面付着物	品質（1軸）／設計（4軸）／機能（2軸）／物理（3軸）	密着部接着応力	接着面積率
				○	○	△	ミクロ接着応力	○	
					○		フイルム表面凹凸	○	○
	◎	◎					圧力		◎
			◎	○			トナー粘度		◎
◎	◎	◎					トナー変形時間		◎

図2-41　MDLTから作った「定着性」の4軸表

が決まると「トナー変形時間」が決まるはずですが、「接触幅」と「トナー変形時間」の両方が第3軸の項目に挙がっている場合、それぞれ独立に決まるように見え、誤解の元になります。

図2-39で「温度」と「定着性」の関係をたどり、その部分だけを4軸表にしたのが**図2-40**です。このようにして、MDLTで設定した各軸の項目の因果関係をたどれば、確実に漏れダブりのない4軸表を作ることができます。このようにして図2-39から作成したのが**図2-41**の4軸表です。

図2-41は、「定着性」というひとつの品質についての4軸表です。実際の定着器開発では二次障害などを検討するために、複数の品質についての因果関係を記載します。この場合には、**複数のMDLTを元に4軸表を完成させる**ことになります。このとき、重要な品質についてのみMDLTを作成して、重要度が高くない品質については直接4軸表に書き込むことをしてもよいでしょう。**図2-42**は「マット性」の品質が悪い、と「気泡残留」の品質が悪いという2つのMDLT[i]に対して4つの軸項目を選んだものです。これらを反映して3つの品質についての4軸表にしたのが**図2-43**です。

---

i　これらのMDLTもわかりやすく説明するために、大幅に簡略化してあります。

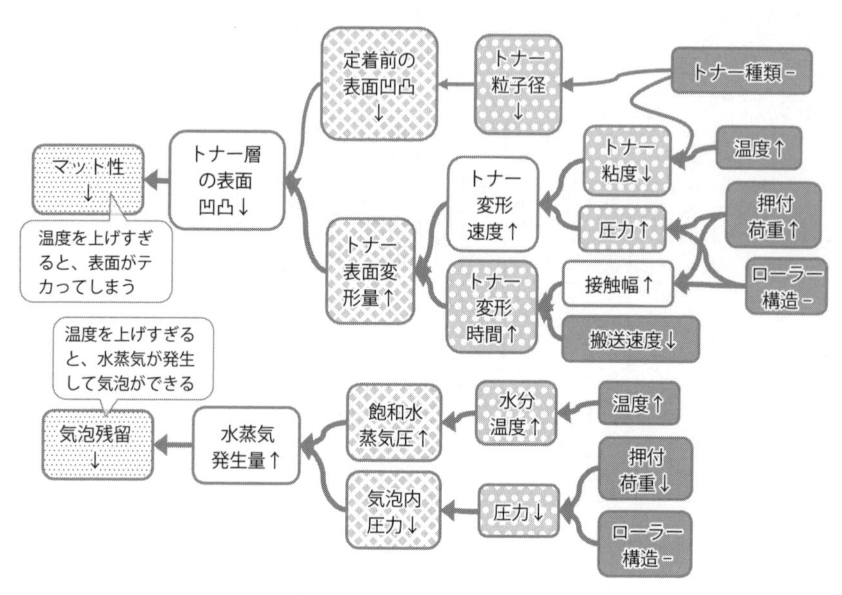

図2-42　「マット性」と「気泡残留」のMDLT

分類階層

搬送速度	ローラー 構造	ローラー 押付荷重	温度	トナー種類	フイルム 素材	フイルム 表面付着物	品質（1軸）／機能（2軸）／物理（3軸）／設計（4軸）	密着部接着応力	接着面積率	定着前表面凹凸	トナー表面変形量	飽和水蒸気圧	気泡内圧力
							定着性	○	◎				
							マット性			○	◎		
							気泡残留					◎	◎
			△	○	○	△	ミクロ接着応力	○					
					○		フイルム表面凹凸	○	○				
	◎	◎					圧力		◎		◎		◎
◎	◎	◎					変形時間		◎		◎		
			◎	○			トナー 粘度		◎		◎		
				○			トナー 粒子径			○			
			◎				水分温度					◎	

図2-43　定着システムの3つの品質の4軸表

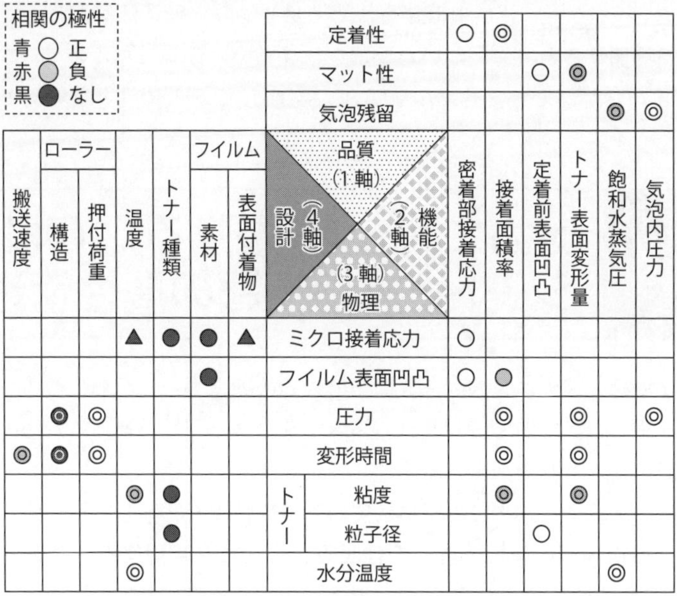

相関の極性
青 ○ 正
赤 ◎(灰色) 負
黒 ● なし

								密着部接着応力	接着面積率	定着前表面凹凸	トナー表面変形量	飽和水蒸気圧	気泡内圧力
							定着性	○	◎				
							マット性			○	◎(赤)		
							気泡残留					◎(赤)	◎
	ローラー				フイルム		品質(1軸) / 機能(2軸) / 物理(3軸) / 設計(4軸)						
搬送速度	構造	押付荷重	温度	トナー種類	素材	表面付着物							
			▲	●	●	▲	ミクロ接着応力	○					
					●		フイルム表面凹凸	○	●(赤)				
	◎(黒)	◎					圧力		◎		◎		◎
◎(赤)	◎(黒)	◎					変形時間		◎		◎		
			◎(赤)	●			トナー 粘度		◎(赤)		◎(赤)		
				●			トナー 粒子径			○			
			◎				水分温度					◎	

図2-44　相関の極性（記号の塗りつぶし色）を考慮した4軸表

4軸表は充実させていくと、サイズが徐々に大きくなり、軸項目を見つけたり、区別したりするのが大変になってきます。表を少しでも見やすくするために、**同じ分類に属する項目を束ねて表示するための言葉を**、階層構造で表示することがあります。これを**分類階層と呼んでいます**。図2-43の「ローラー」「フイルム」「トナー」などの言葉がこれに当たります。

各項目の量が増えるのか減るのかという量の相関を、色で表すという説明を2.3.2項の(2)でしました。量の増減関係を見るときは、MDLTに↑↓で示した増減関係で確認してください。図2-39に“くるりと輪を描いて”表した、「増減関係が反転している」ことを示すコネクターがあるときは、増減が逆転するため注意してください。相関の極性、つまり要因間の増減の向きの関係を色で表したものを**図2-44**に示します。図2-32で説明したように、色を記号の濃さで表してあります。

最後にひとつ、注意があります。MDLTを作成するときは、4軸表を意識しないようにすることをお勧めします。品質項目の要因を「第2軸の機能は何だろう」と考えたり、「この機能を決める第3軸の物理量は何だろう」と考えたりして展開すると、思いついた要因を挙げていく作業になるので、論理的なメカニズム展開ができません。MDLTが完成してから軸設定を考えてください。

2.4 メカニズムを「残せる」：QFDシートと技術情報の属性管理

ここまでは、メカニズムベース開発のための考え方や、手順についての説明をしてきました。本節では、メカニズムに基づいた開発を進めるためのシステムの利用を前提とした話をします[i]。

まずは、メカニズムや設計根拠に関わる技術情報を蓄積して活用するために考えた**「技術情報の属性管理」の仕組みと、それを実現するシステムである「技術ドキュメントアーカイバー」（以下、TDASと略します）**についてです。私たちが作ったシステムを知ってもらうというよりは、その考え方を理解いただき、役立てていただけるようにという観点から紹介します。

私たちは、技術のメカニズムが「見える」ための「MDLT」、「使える」ための「4軸表」、そして「残せる」ための「技術情報の属性管理」の3つをセットにしてTD^{2}Mの仕組みを説明しています。ここまで最初の2つを説明してきたので、ここで「技術情報の属性管理」の紹介をするとその説明が完結するのですが、本節ではシステム利用の観点から、その前に「QFDシート」について説明します。

QFDシートは、MDLTと4軸表をセットにして活用するために作られたツールです。私たちは、活動の当初はホワイトボードやスプレッドシートを使ってMDLTや4軸表を作成し、活用していました。しかし、さらに効率的かつ効果的にこの考え方を利用し、協業・蓄積を促進するため、専用のシステムを作る価値があると考えて取り組んできました。それがQFDシートです。

---

i　本内容は、TD^{2}Mシステムがなければ実践は難しいところがあるかもしれませんが、富士ゼロックスではTD^{2}Mシステムをサービスとして提供しています（2020年現在）ので、システムの利用を想定して説明をします。

「技術資産を蓄積して活用することはもうできている」「MB-QFDをホワイトボードやスプレッドシートで試してみるので、まずはそれで十分」という方は、本節は読み飛ばしていただいても結構です。

2.4.1 QFDシート

(1) MDLTの作成と利用

QFDシートの役割のひとつは、**効率的にMDLTを作成すること**です。ショートカットキーや自動整列の機能が備わっており、思考を妨げずに素早くMDLTを作成することができます。また、要因ボックスには量が増加することを示す「↑」記号が最初から表示されていて、マウスの操作などで「↓（減少する）」「-（増減がない）」を切り替えるようになっています。MDLTの作成の仕方で「要因を量の増減で表すとよい」という説明をしましたが、ツールをこのようなつくりにすることにより、量の増減で書かないと不自然に見えるようにしています（**図2-45**）。

また、MDLTを作成していると、どうしても同じ要因が何度も現れて、ひとつの要因からたくさんの要因に因果関係コネクターを結ばなければならなくなります。そうすると、MDLTが次第に煩雑になり見にくくなってしまいます。このツールでは、**同じ内容の要因ボックスは「同一要因」として認識される**ようになっていて、ひとつを編集すると他の同一要因にも反映されます。こ

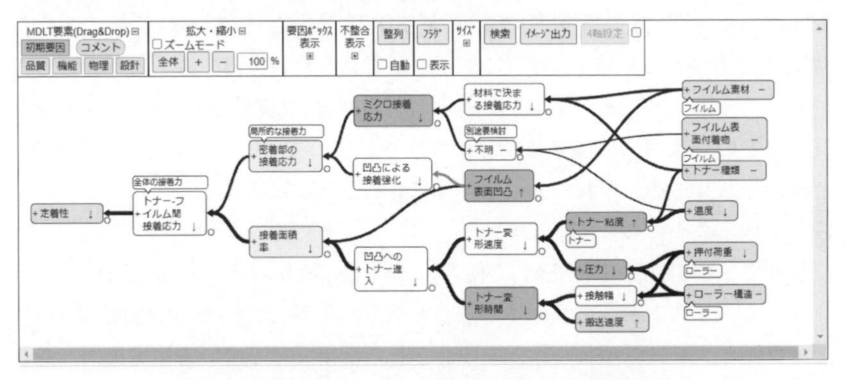

図2-45　QFDシートのMDLT作成・表示画面

の仕組みを使ってMDLTをすっきりと作成し、見せることができます。

他にもツリーを折りたたんで表示したり、注目してほしい箇所に色づけしたりするなど、MDLTの作成と活用のためのさまざまな便利な機能を備えています。作成したQFDシートはシステムに蓄積され、指定したメンバーやグループで共有できます。

⑵ 4軸表、項目リストの活用

QFDシートのもうひとつの重要な機能は、MDLTから**他のフォーマットへの自動変換**です。2.3.3項の⑵で、MDLTから4軸表を作成する手順について説明しましたが、これを手作業で行うのはなかなか大変です。QFDシートでMDLTを作成すると、「↑↓」で表した各要因ボックスの量の増減、コネクターで表した要因ボックス間の関係の強さや向きを考慮して、ボタンをワンクリックする操作で4軸表を生成できます。また、4軸表で軸項目や因果関係記号を変更すると、MDLTに対してその変更を自動的に反映します。4軸表を見やすくするための分類階層の設定もできます。

QFDシートの4軸表で頻繁に使う機能が「**インパクト予測**」です。これは**選択した軸項目と因果関係がある項目を、関係が強いほど濃い色で色づけ**する機能です。それぞれの要因の間の増減関係も表現されるため、選択した項目が大きくなったときに、それぞれの軸項目が大きい方に変化するのか、小さい方に変化するのかも色づけして表示できます。他にも、4軸表の一部を抜粋して表示する機能なども備えています。

図2-46に、図2-45のMDLTを4軸表に変換して、インパクト予測した結果を示します。一部の軸項目の名前がMDLTと異なっていますが、これはMDLTで表示する言葉と4軸表で表示する言葉を使い分けられるようになっているためです。第1軸の品質軸の右端に、**「目標値」「実績値」「シミュレーション」などの軸項目に付随する情報**が表示されています。これらを**「補足情報」と呼んで**おり、それぞれの軸の軸項目に対して自由に追加し、任意のラベルを設定できるようになっています。

併せて、FMEAやDRBFM[9]で使うような1元表型のリストへの変換ができます。このリスト形式の表示を「項目リスト」と呼んでいます（**図2-47**)。富士ゼロックスでは、項目リストを中心とした活用を行っている開発部門もあります。

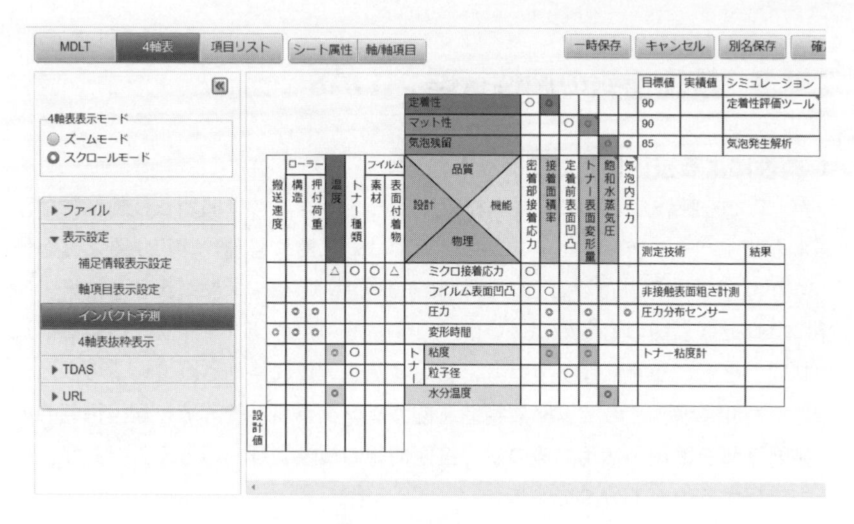

図2-46　4軸表への変換とインパクト予測

表切り替え		表示設定				エクスポート	展開方向	
関連性表示	項目羅列	LT表示名	4軸表示名	フィルタ全解除	表示情報	Excel出力	1→4	4→1

	品質	目標値	実績値	機能	階層1	物理	結果	階層1	設計
1	定着性	90		密着部の接着応力		ミクロ接着応力			温度
2									トナー種類
3								フイルム	フイルム素材
4								フイルム	フイルム表面付着物
5						フイル[illegible]		フイルム	フイルム素材
6				接着面積率		フイル[illegible]		フイルム	フイルム素材
7						圧力		ローラー	ローラー構造
8								ローラー	押付荷重
9						トナー変形時間			搬送速度
10								ローラー	ローラー構造
11								ローラー	押付荷重
12					トナー	トナー粘度			温度
13									トナー種類
14	マット性	90		定着前の表面凹凸	トナー	トナー粒子径			トナー種類
15				トナー表面変形量		圧力		ローラー	ローラー構造

図2-47　QFDシートによる項目リストへの変換

2.4.2 技術情報の属性管理：TDAS

⑴ 属性による技術情報のフラット管理

第1章でも触れたように、コア技術やそのメカニズムに関わる技術情報は、通常のサーバーやデータベースシステムでは効果的に管理、活用することが難しくなります。それは、これらの情報が非定型で、かつさまざまな技術・商品・プロセスに関わるものが多いからです。そのため、フォルダーの階層構造が時間とともに複雑になっていき、結局情報がどこに格納されているのかわからなくなります。そこで、**階層構造を使わないフラット管理で、属性情報のみで技術情報を蓄積・活用する**のが「**技術情報の属性管理**」の考え方であり、それを実現するのがTDASです。

「技術情報の属性管理」については、ファイルやフォルダーにタグを付与して管理できるシステムがあれば、使い方によって同様の効果を期待できるかもしれません。しかし、「階層構造で管理するシステムで、補助的にタグもつけられる」という構成のシステムで同じことをやろうとすると、ユーザーはどうしても普段慣れた階層構造を中心に使い、うまくいかないと私たちは考えています。

TDASは通常のファイルサーバーとは根本的に異なり、将来にわたって活用されるべきと考える情報を永続的に残し、必要になった人がいつでもその情報を見つけて活用できるようにするための仕組みです。したがって、TDASは格納したファイルに書き込んだり、簡単にコピーや削除をしたりする機能をあえて備えていません。

図2-48に、具体的に階層構造によるフォルダー管理と、その問題点の例を載せます。複写機の開発の情報を格納するときの階層構造を示した簡単な事例です。ここでは、まず商品名のフォルダーを作っておいて、それぞれの商品名のフォルダーの中に2.1節で説明したサブシステム名（図中は省略して「サブ名」と呼んでいます）のフォルダーを作り、それぞれのフォルダーの中に情報の種別の名前のフォルダーを作って、ファイルを格納するようにしています。

しかしこれでは、たとえば「商品名はわからないのだけど、昨年佐藤さんが作った実験メモはどこ？」「これから電界解析ツールで計算をするのだけど、過去にこのツールで計算した事例を一通り見たい」という情報の探し方ができ

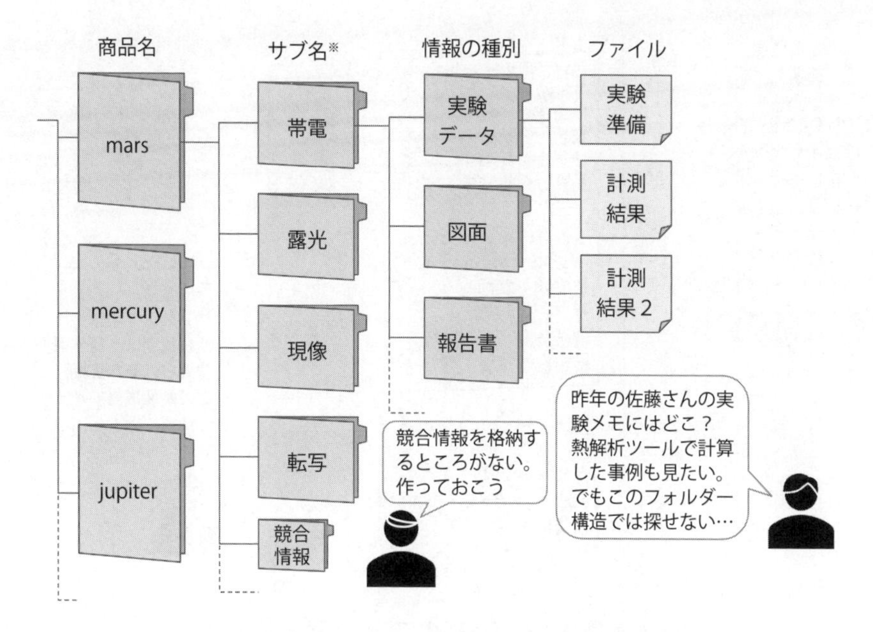

図2-48　フォルダーの階層構造による情報管理
(※「サブシステム」を「サブ」と省略しています)

ません。全文検索をするシステムも数多く用意されていますが、全文検索で望みの情報にたどり着くのはかなり難しいことは、実際にやった方はおわかりになると思います。

また階層構造では、たとえば「競合動向の調査をしたのだけど、格納する場所がない」など、さまざまな商品や技術に広く関わる情報を扱うのが難しくなります。このような場合に、各情報を登録者が勝手な場所に格納すれば誰にも見つけることができなくなります。みんなが勝手にフォルダーを作ればどんどん階層構造が崩れていき使いにくくなります。**技術のメカニズムや設計の根拠に関わる情報は、このように扱いにくい情報が多い**のが問題なのです。

図2-49はTDASで採用している「技術情報の属性管理」のイメージ図です。ひとつのファイル、または複数のファイルを**まとめて格納できる情報のフォルダーを「技術情報」**と呼んでおり、それぞれの技術情報は階層構造を持たずにフラットに並べられています。言ってみれば、「すべての技術情報をひとつの器の中に入れた」状態なので、どこに情報を格納すればよいかについて

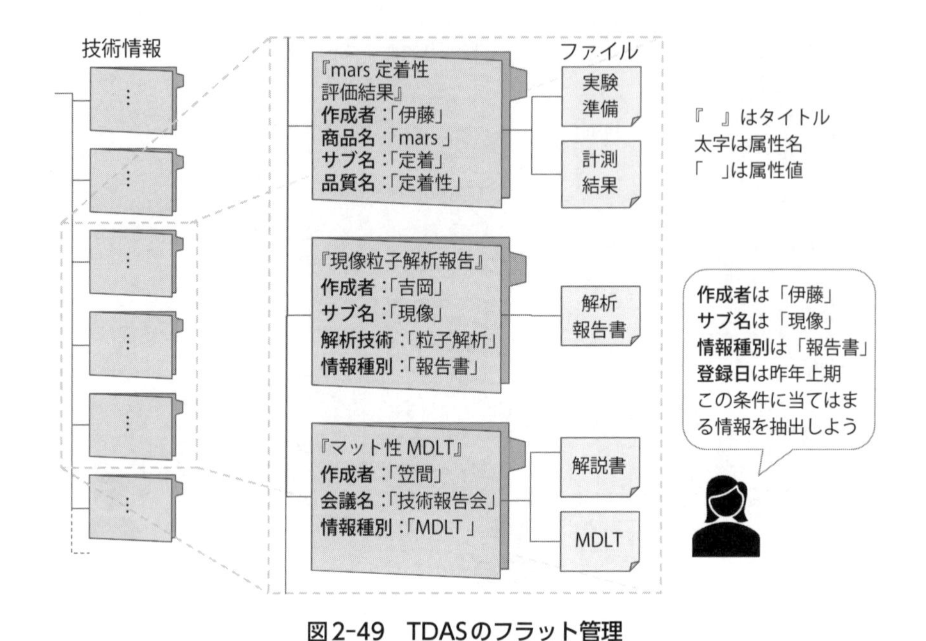

図2-49　TDASのフラット管理

悩む必要はありません。その代わりに、**それぞれの技術情報にはタイトルの他に属性情報を与えます。**

属性情報はその技術情報の特性を表す言葉である「属性値」と、属性値のカテゴリーを表す「属性名」のペアで構成されています。図中、太字で表したのが属性名、「　」で囲んでいるのが属性値です。たとえば「この情報の作成者は伊藤で、サブシステムは現像に関連する情報である」ことを表すには、「作成者」という属性名に対して「伊藤」という属性値、「サブ名」という属性名に対して「現像」という属性値を与えます。このような構成になっていることで、技術情報を探す人は、たとえば「昨年5月頃に伊藤が作った現像サブシステムに関する報告書を探したい」というような、自在な切り口での情報の絞り込みができます。

また、TDASではシステムの管理者によって属性名が管理され、ユーザーは勝手に変更できない仕組みになっています。属性値はユーザーが任意に決めることができますが、ばらばらな属性値を勝手に与えると、その情報を探すときに苦労します。このため、部門、チームなどの組織やプロジェクトごとに「ど

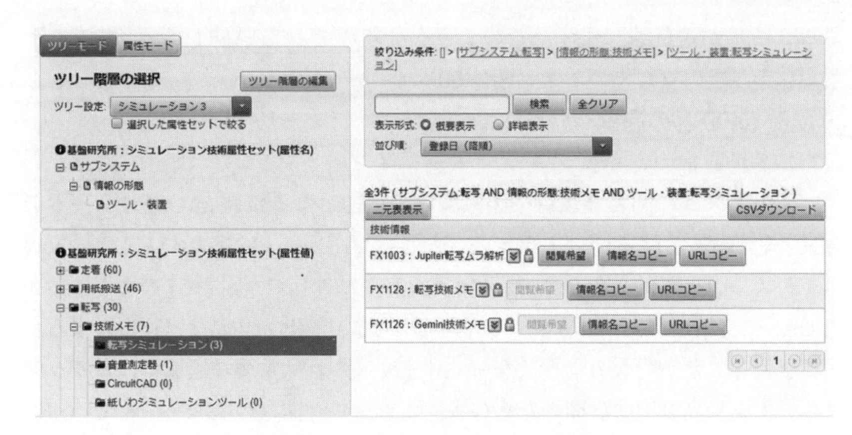

図2-50　TDASの情報絞り込み画面

の属性名を使うのか、どういう属性値を与えるのか」というリストを作っておき、それを**共有する「属性セット」という仕組み**を持たせています。技術情報を格納するときも、この属性セットを使えば、比較的簡単に属性値を決めて格納できるようになっています。

TDASには、「自在な切り口で情報を絞り込める」という点に加えて、**「情報の共有とセキュリティを両立」できる**という利点もあります。技術情報には機密性の高い情報も含まれているため、誰にでもアクセスできるようにするというわけにはいきません。当然のことながら情報によって「誰が見ても良い/悪い」というアクセス権限を与えることになります。

通常のサーバーシステムやデータベースシステムでは、アクセス権限のない情報は見えませんので、アクセス権限がない人にとってはそれが存在することもわかりません。また、セキュリティを高めるためにアクセスできる人を制限すると、その分だけその情報の共有ができなくなり、活用される場面も減っていきます。その点TDASは、属性で絞り込んで見つけることは、誰でもどの情報に対してもできるようになっているため、すべての情報を共有することが可能になります。

TDASでは、自分がアクセス権を持たない情報については、中身を見ることができません。アクセス権がない情報を見たいときは、それぞれの情報に設けられている「閲覧希望」ボタンを押すことで、その情報の管理者に承認を依頼するメールが送付されます。このような仕組みで、TDASは情報の共有とセキュリティを両立しています（**図2-50**）。

⑵ MB-QFDとの連携

TDASが通常のドキュメントマネージメントシステムと決定的に違うのは、**メカニズムに関わる情報や因果関係の根拠となる情報を、QFDシートのMDLTや4軸表と関連づけて残せる**点です。QFDシートでは、MDLTの要因ボックスや因果関係コネクター、4軸表のセルに対して、**図2-51**のように情報（TDASに格納された情報やインターネット上の情報のURLなど）に対するリンクを張ることができるようになっています。これは重要な機能で、ロジックツリー作成や品質機能展開のための多くのツールが同様の機能を備えているかと思います。しかし、このやり方では当然のことながら、リンクを張ったそのQFDシートからしかそれらの技術情報を見つけることができません。

TD^{2}Mでは、「属性名と属性値のペアで、技術情報に属性を与えてTDASに格納する」という特長を利用し、QFDシートの情報に関連づけて技術情報をTDASに格納し、QFDシートからも技術情報を検索することができるようにしています。4軸表の情報と関連づけて、技術情報をTDASに格納する流れのイメージ図を**図2-52**に示します。この4軸表には「温度がトナー粘度に影響する」という関係が示されています。実際に温度がどの程度トナー粘度に影響するのかを計測した結果が得られたとき、その情報をこの4軸表と関連づけて残しておけば、後々この4軸表を利用する人がその情報を活用することができます。

そこで、第4軸「設計」の「温度」という項目と、第3軸「物理」の「トナー粘度」という項目に因果関係があることを示すセル（図中グレーのセル）を選択して、その計測データのTDASへの登録操作を行います。するとシステムは、「設計」という属性名に対して「温度」という属性値を与え、「物理」という属性名に対して「トナー粘度」という属性値を与え、さらにQFDシートの名前を属性値として与えて、その情報をTDASに登録します。

この操作をした結果、4軸表の選択された因果関係セルには格納した情報へのリンクが張られるので、それを選択すればいつでも格納した情報にアクセスできます。しかし、それだけではありません。**図2-53**に示したのは、他のメンバーが作成した定着の「マット性」に関する別の4軸表です。よく見ると、

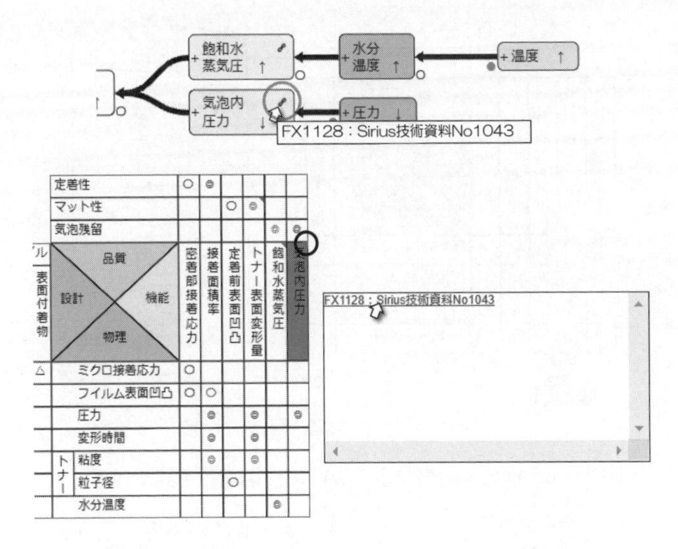

図2-51　QFDシート上での技術情報との関連づけ

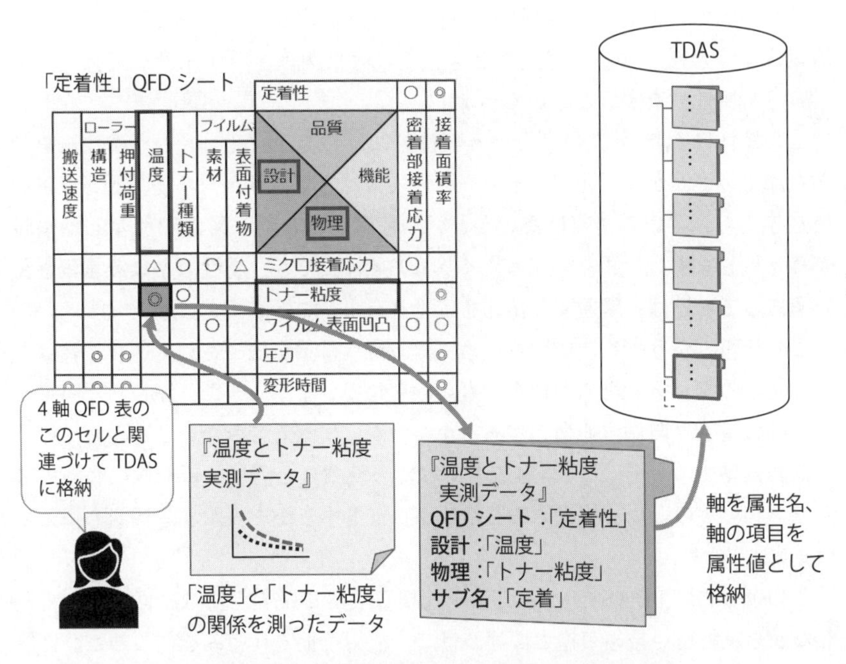

図2-52　4軸表と関連づけてTDASに情報を格納

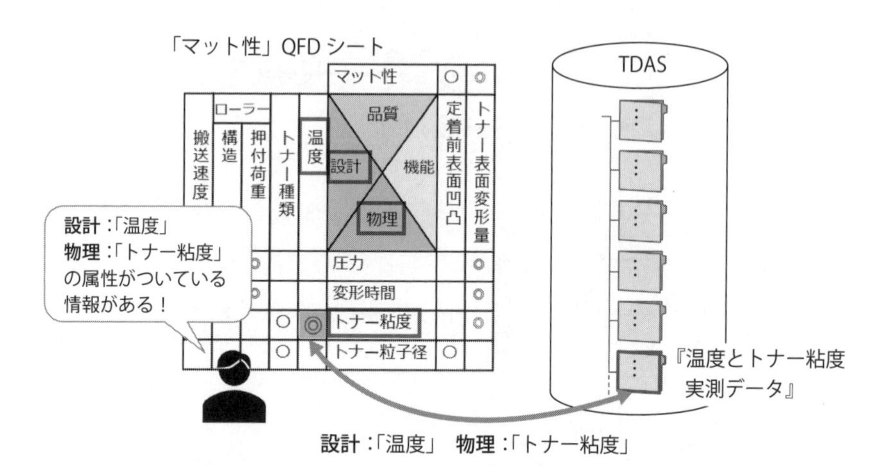

図2-53 他の4軸表からTDASの技術情報を見つける

この4軸表にも第4軸「設計」に「温度」という項目があり、第3軸の「物理」に「トナー粘度」という項目があり、それらの間に因果関係があることを示す記号がついています。この4軸表を見た人が「温度とトナー粘度の関係を示す情報はないだろうか」と考えたとき、その因果関係を示す記号を選択して、TDASを属性検索することができます。

この操作により、「設計」という属性名に対して「温度」という属性値を与えられていて、かつ「物理」という属性名に対して「トナー粘度」という属性値が与えられている情報はないかという検索が行われ、図2-52で示した情報がヒットします。つまり、まったく異なる4軸表でも、**属性値となる言葉さえ共通にしておけば、関連する情報を広く共有**することができます。

この仕組みがうまく機能するためには、使う言葉が統一されていなければなりませんので、そのための仕組みも設けられています。また、注目した因果関係や軸の項目に関係する情報があるかないか、検索してみないとわからないのでは非効率です。そこで、4軸表のすべての軸項目と因果関係セルについてスキャンし、どのセルで検索すると情報がヒットするかを表示する機能も備えています。

このように、TDASとMB-QFDを連携させることで、知識を可視化して残しながら、幅広い技術資産と関連づけて、活用を促す仕組みを作ることが可能になります。

第3章

活用の方法と事例

仕事は常に人間によって行われ、人間のつながりによって進行していくことを忘れてはならない。

小林 陽太郎[10]

これまで述べてきたように、TD²M（Technology Data & Delivery Management）の基本的な狙いは品質のメカニズムを「見える」「使える」「残せる」ようにすることで、技術伝承と生産性の向上をするための手段を提供し、その風土を醸成することです。その仕組みをどのように活かすかについてはいろいろな考え方があるかもしれませんが、本章では富士ゼロックスがどのように考えたかという視点で、TD²Mの活用の仕方について、場面ごとの実践方法と事例について紹介します。

3.1 活用の場面と方法

技術がモノになり、役立つ形で世の中に届けられるまでに、さまざまなプロ

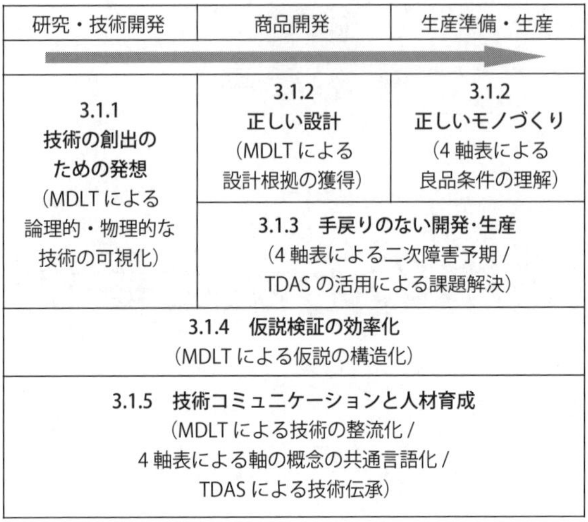

<table>
<tr><td>研究・技術開発</td><td>商品開発</td><td>生産準備・生産</td></tr>
<tr><td colspan="3">→</td></tr>
<tr><td rowspan="2">3.1.1
技術の創出のための発想
（MDLT による論理的・物理的な技術の可視化）</td><td>3.1.2
正しい設計
（MDLT による設計根拠の獲得）</td><td>3.1.2
正しいモノづくり
（4 軸表による良品条件の理解）</td></tr>
<tr><td colspan="2">3.1.3　手戻りのない開発･生産
（4 軸表による二次障害予期 /
TDAS の活用による課題解決）</td></tr>
<tr><td colspan="3">3.1.4　仮説検証の効率化
（MDLT による仮説の構造化）</td></tr>
<tr><td colspan="3">3.1.5　技術コミュニケーションと人材育成
（MDLT による技術の整流化 /
4 軸表による軸の概念の共通言語化 /
TDAS による技術伝承）</td></tr>
</table>

図3-1　開発･生産の流れとTD²M活用の対応

セスを経ます。新しい技術は研究から技術開発を経て創出され、具現化されて作り込まれていきます。世の中に届けられることになった技術は、商品開発の中で設計がなされ、必要な生産準備を経て生産されます。

このプロセスの中では、作るのが非常に単純なものでない限りは、要求されるさまざまな品質の間の相互作用があるため、手戻りによるロスが発生しがちです。そのため、手戻りが起こらないように周到に開発･生産を進めます。それでも問題が発生してしまったら、原因を究明するための仮説を立ててできるだけ効率的に解決し、商品を世の中に出していきます。

この一連の流れに沿って、TD²Mの活用の姿を説明するとともに、その全体にわたって重要になる技術コミュニケーションと技術伝承・人材育成におけるTD²Mの効用について解説します。開発･生産のプロセスと、本節で解説する活用と効用の姿の一般的な関係を**図3-1**に示します。

3.1.1　技術の創出のための発想

競合他社に対して差別化するためには、新しい技術を創出し、具現化しなけ

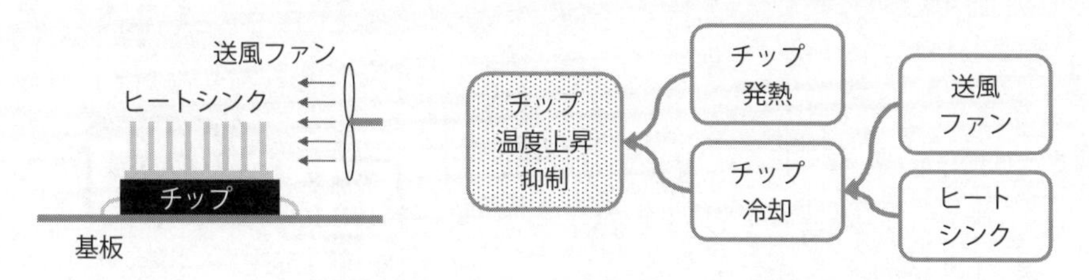

図3-2　基板上のチップ温度上昇を抑える

ればなりません。何もないところから素晴らしいアイデアによって産み出される技術もありますが、多くの技術は品質向上、課題解決のための技術者の絶え間ない努力の結果として発想が生まれ、試行錯誤を経て具現化されていきます。しかし、本書の最初の方でも述べてきたように、昨今の技術者にはじっくり考えて新たな発想を得る余裕がなかなか与えられにくくなっています。その結果、思い込みや見落としが生じて、せっかくの発想の機会を逃しているかもしれません。

またベテランの技術者でも、必ずしも扱っている技術のすべてのメカニズムを把握しているとは限りません。2.2.1項のロジックツリー「あるある」でも少し述べましたが、むしろベテランの方が「明確に理解していること」と「漠然とわかっていること」の境界があいまいなこともあるかもしれません。そして、その「漠然とわかっていること」の中に、新しい技術の種が隠れているかもしれません。

前章で述べたように、MDLT（メカニズム展開ロジックツリー）は開発に関する技術者の知見をあえて入れないようにして、論理的、物理的に因果関係を展開したものです。このため、**MDLTを作成することで、思い込んでいたこと、見落としていたことが明らか**になり、狙いとする**品質・機能を実現するための発想を広げられる**ことがあります。「わかっているような気がしていたけれど、実は理解があいまいだった」と気づくことで、新しい技術を発想するヒントになる場合もあります。

基板上のチップの温度上昇を抑えるための設計をしている技術者のことを考えてみます。**図3-2**の左側に示したように、チップの発熱による温度上昇をファンの送風による冷却で抑えようとして、冷却効率を高めるためにどのヒー

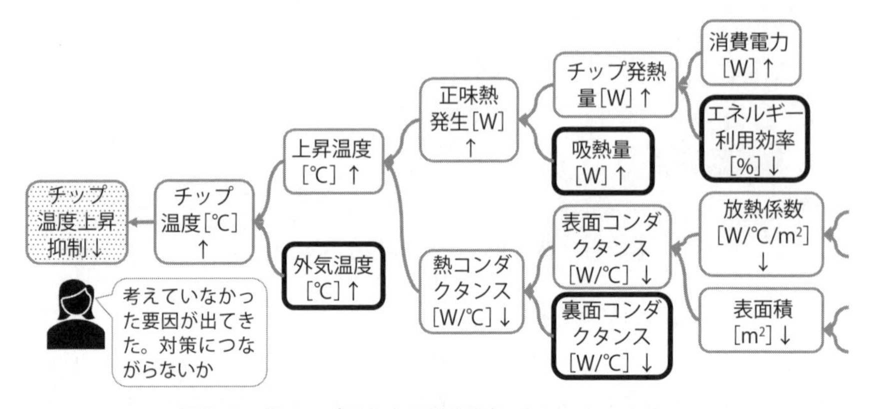

図3-3 「チップ温度上昇抑制ができない」のMDLT

トシンクを選定しようかと考えていますが、なかなか十分な冷却効果が得られません。その思考を表したのが、その右側に示したロジックツリーです。しかし、このロジックツリーは「チップを冷却するにはファンによる送風とヒートシンクを使えばよい」という、この技術者の知識を描いているだけなので、MDLTではありません。

「チップの温度上昇抑制」という品質が良くない、というMDLTを、MECEにこだわって物理量の単位を気にしながら展開した例が**図3-3**です。こうして物理量で展開すれば、他にもたくさんの要因が現れてきます。もしかするとこの辺りに手を打てないだろうか、という要因を太線にしました。送風ファンやヒートシンクは、ここまでの展開ではまだ出てきておらず、さらに下流で現れます。「放熱係数」と「表面積」の下流にも、さらに細かい要因が現れてきますので、そこにも検討の余地が出てくるかもしれません。

このように一度、開発に関する知識のことを横に置き、愚直にMDLTを展開して物理的にMECEな因果関係を可視化することで、**MB-QFD（メカニズムベースQFD）を技術の創出や作り込みの場面で役立てる**ことができます。そして、このように作られたMB-QFDを共有することで、効果的・効率的に技術の具現化を進めていくことが可能になります。

3.1.2　正しい設計、正しいモノづくり

私たちは、設計とモノづくりのあるべき姿を表現するときに、**「正しい設計」「正しいモノづくり」**という言い方をすることがあります。言葉が明確に定義されているわけではないのですが、「正しい設計」を「設計対象のメカニズムを明確に理解して、なぜそのような設計になっているのか、設計の範囲を外れたときに何が起こるのかをきちんと説明できる設計」と言っていいと思います。また「正しいモノづくり」とは、「生産に関わる工程のメカニズムを明確に理解して、工程の設計値や設備のパラメーターがなぜそのように決まったのか、良品条件の範囲を外れたときに何が起こるのかをきちんと説明できるモノづくり」ということになるかと思います。「正しい設計」と「正しいモノづくり」ができていなければ、現時点では適切な品質が得られていても、前提となる環境が変わったり、一部の設計に変更があったりしたときに、品質トラブルが起こらないかを予測して適切な手立てを打つことができません。

「正しい設計」も「正しいモノづくり」も、根底にあるものは同じです。それは当たり前のことであり、おそらくはほとんどの技術者がそこに向けて多大な努力をしているはずです。しかし、TD^{2}Mが生まれた背景として説明してきたように、市場は成熟化し、技術は複雑化する一方で、企業間の競争激化に伴うプレッシャーが開発陣に及ぶと、技術者はその努力や思いとは裏腹に、深い考察と理解の機会を得にくくなってきます。そして、やがて「正しい設計」「正しいモノづくり」から遠ざかってしまうのです。

富士ゼロックスの中でも、「設計根拠」をどう残すかということは常に課題であり続けています。また、TD^{2}Mをお客様に紹介する中で、多くの企業が同じ問題に直面しているのを知り驚いています。

「正しい設計」「正しいモノづくり」がなかなかできないのは、「メカニズムを明確に理解して、それを残して伝えることが難しいから」だと私たちは考えています。そしてそれは、「何をもってメカニズムが理解できたと判断するか」が明確でないからであり、**知識を可視化し、技術情報を体系化して残す術がなかった**からではないでしょうか。これらはまさしくTD^{2}Mが解決しようとしている問題です。

これは、現場というよりもマネジメントの仕事になりますが、重要な品質についてはMDLTを作成する時間を十分に取ることをお勧めします。4軸の考え方や作り方などに慣れるまでの間、作成には一定の時間がかかります。しかし、MDLTを考えることで、**「何となくしかわかっていない」または「わかったつもりになっている」事柄を検出**することができます。

すべての現象のメカニズムを、明確に理解できるわけではないかもしれません。しかしそうだとしても、MDLTを作成することで**「明確にわかっていること」と、そうでないことを区別**することが可能になります。また、いったん作成し共有できれば、それは今後メカニズムを正しく理解して、設計や生産に活かすための重要なツールになります。

新たな技術要素が導入されたときや、想定していなかったメカニズムがわかったときにも、MDLTや4軸表を修正する形で、知見を修正・追加していくことができます。MB-QFDができることで、メカニズムの根拠となるデータや、詳細な技術情報を、TDAS（技術ドキュメントアーカイバー）に格納してリンクさせることが可能になり、体系的な情報として残すことができます。

富士ゼロックスでは、特にメカニズムに対する要求レベルが高い部門の中には、技術報告のときにMDLTの作成を前提としている部門、開発のフェーズゲートとして4軸表の添付を義務づけている部門、次工程に開発・設計情報を引き渡すときにMB-QFDとともに情報を渡している部門などがあります。**MB-QFDとともに情報を渡すことで、設計の根拠が明確に伝わり**、どの設計項目を変えてもよいのか、変えたらどうなるのかがわかるようになります。

また、次工程で不明点が生じたときにも4軸表を参照して、「この項目、この因果関係について、これがわからない」という問いかけをすることができ、**質問や回答の意図を明確に伝える**ことができます。最近は富士ゼロックスの技術者の多くが4つの軸を理解しており、部門、役割、世代を超えて4軸で会話をしているのをよく見かけます。「それは4軸-1軸[i]じゃないのか？」「3軸は何？ 測れるの？」「あなた方にとっての3軸は、我々にとっての4軸ですよ」という具合です。**4つの軸が、メカニズムに立脚した思考と会話の共通言語となっている**のです（図3-4）。

---

i 「メカニズムを考えず、設計と品質を直結して議論している」という良くない意味を持っています。

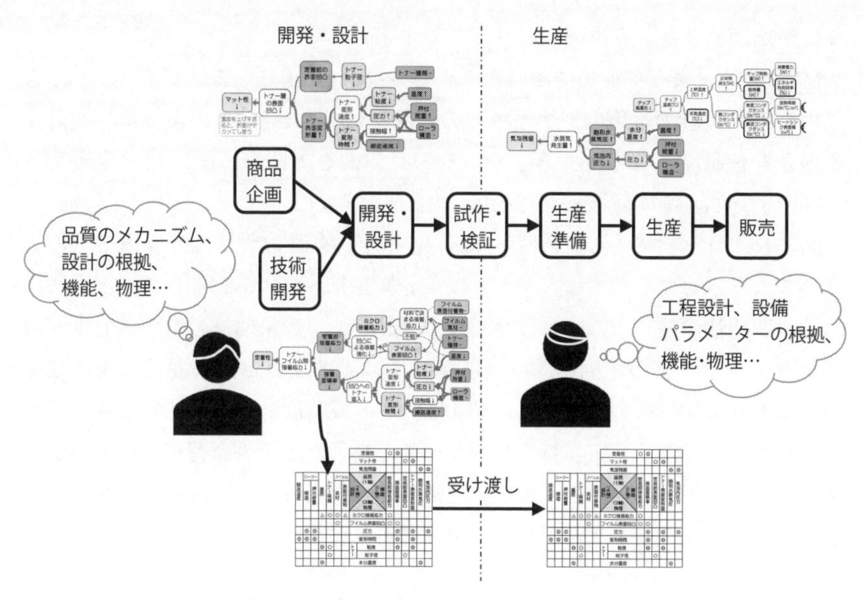

図3-4　正しい設計、正しいモノづくり

3.1.3　手戻りのない開発・生産

開発、生産において、生産性に対するインパクトがもっとも大きいのは手戻りです。ただし、「設計を間違えたからやり直す」ことはめったになく、その元凶は二次障害がほとんどと言えます。

前提条件や環境の変化によって品質に対する要求が変わったり、新たな品質を満たさなければならなくなったりしたとき、その実現のために行った設計の変更が他の予期しない品質を悪化させるのが二次障害です。熟練した技術者がいれば、二次障害の多くを深い知見と経験で予測し、対策を立案できるかもしれません。しかし、世代交代によって熟練した技術者がいなくなると、とたんにそれが機能しなくなります。FMEA、DRBFMなどの手法を用い、帳票などを活用して設計変更の波及効果を予期する方法もありますが、これもベテラン技術者の知見に依存しがちであり、網羅性を担保できずに「見落としがないようにがんばる」という構図になりがちです[i]。

MB-QFDによって前項で触れた「正しい設計」「正しいモノづくり」ができていれば、**設計の変更の影響が「どの」品質に「なぜ」「どのように」波及するのかを俯瞰**することができます。その具体的な方法を、図2-43の定着システムの3つの品質の4軸表を事例として紹介します。

図3-5は図2-43の4軸表を使って、「定着性」を改善する設計要因とそのメカニズムを示したものです。第1軸の「定着性」からスタートして、因果関係記号の関係性が強い（△ ＜ ○ ＜ ◎）ほど濃く、因果関係の数が多いほど濃くなるように、第2軸、第3軸、第4軸の順に軸の項目と因果関係セルに色をつけてあります。この結果から、第4軸のすべての設計項目が「定着性」に寄与することがわかります。特にローラーの「構造」と「押付荷重」の影響が大きそうです。因果関係記号の種類や因果関係の数だけで、影響の大きさを決定できるわけではありませんが、どの項目に着目するべきかを知るにはこれで十分と言えます。

では、効果が大きそうな第4軸のローラーの「押付荷重」を増やすことにしても、二次障害の問題はないでしょうか？　今度は同じことを第4軸の「押付荷重」からスタートして、第3軸、第2軸、第1軸と逆回りにたどってみます。そうすると、**図3-6**に示したように第1軸の「定着性」の他にも「マット性」「気泡残留」に色がついていることから、他の品質にも影響が出ることがわかります。このことに気がつかずにローラーの押付荷重を上げてしまうと、二次障害が発生する可能性が大きくなります。「定着性」を改善する効果がありそうな第4軸の他の設計項目についても、同様に影響を確認することができます。

この4軸表では、**図3-7**に示したように、「定着性」だけを改善する設計項目はフイルムの「素材」だけです。フイルムの素材はこの装置を使うユーザーが決めるとすると、そこに手を打つことは困難ですが、もしも必要であれば使用可能なフイルムの種類を限定するなどの対策を視野に入れるべきかもしれません。他の品質に影響がある設計項目であっても、トレードオフがわかっていれば、それを考慮しながらうまく設計できるかもしれません。それぞれの設計項目の値の決め方、それぞれの品質に対する影響の定量的な予測のためのツー

---

i　FMEAとMB-QFDの関係については第6章で改めて説明します。

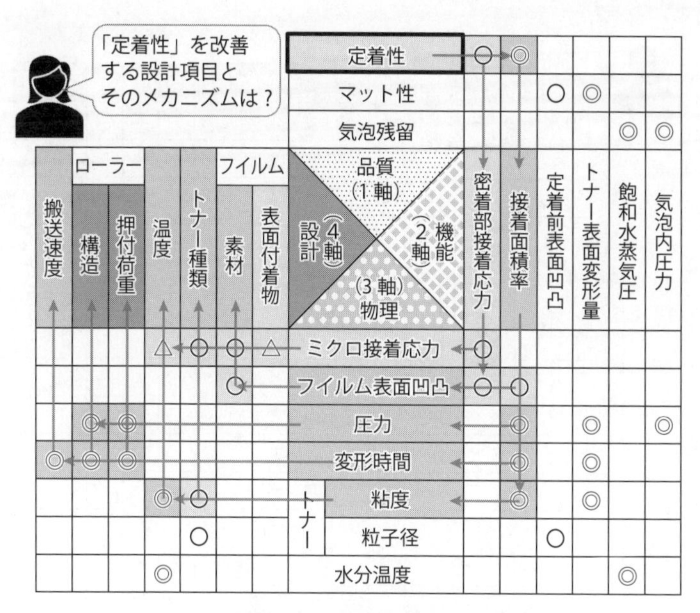

図3-5 「定着性」を改善する要因の探索

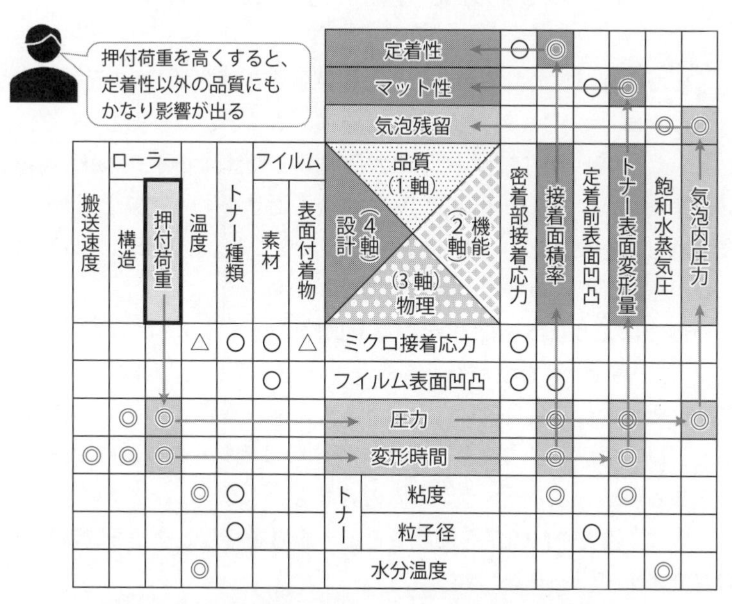

図3-6 「押付荷重」を変えたときの品質への影響

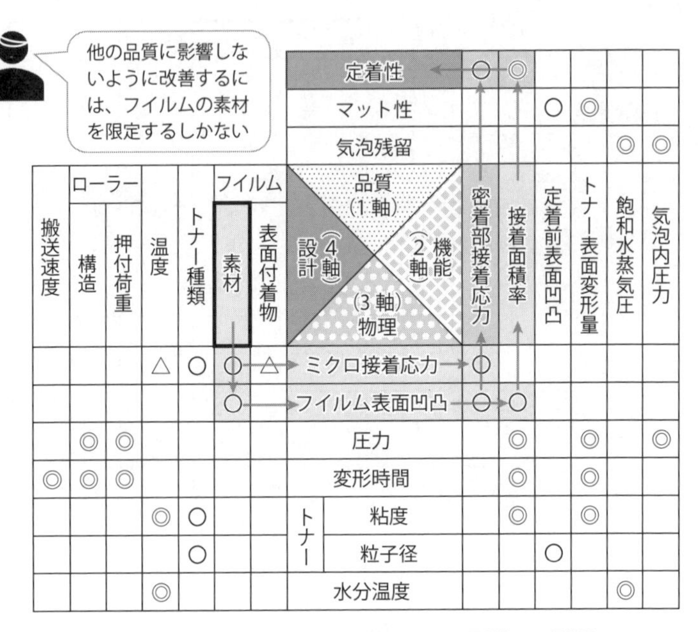

図3-7　フイルムの「素材」の変更による品質への影響

ル、重要な物理項目の計測の仕方など、関連する情報は4軸表と紐づけて参照できるようにしておけば、迅速に設計を進めることができます。

4軸表は、各軸の項目間の因果関係は記号で表されていますが、実際にはそこに複雑なメカニズムが関係している場合もあります。MDLTから作った4軸表であれば、必要に応じてMDLTを参照することで、詳細なメカニズムを理解しながら設計を進めることが可能になります。

この例では元となるMDLTをかなり簡略化してあり、品質項目も少ないため、「わざわざ4軸表を使わなくても…」と感じるかもしれません。しかし、実際には要求される品質項目はもっと多く、関わる要因も増えてきます。そうなると、勘と経験だけで見落としをなくすのは難しくなり、「なぜそういうことが起こるのか」というメカニズムの考察もおろそかになっていきます。こういうときに**4軸表やMDLTを使うことで、思考を整理しながら二次障害のない設計ができます。**

ここで紹介した4軸表を使った要因の探索の作業は、スプレッドシートを

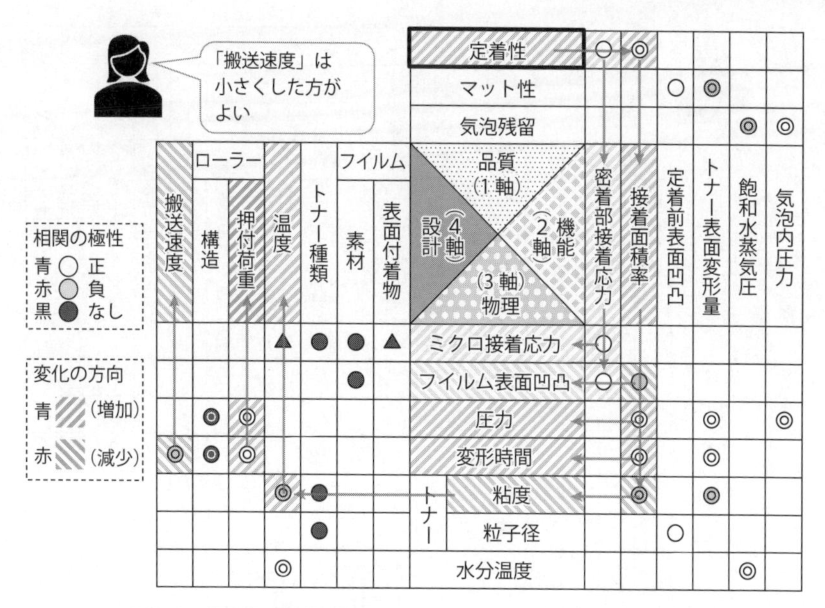

図3-8　相関の極性を考慮した「定着性」の改善要因の探索

使ったり、紙に印刷した表にペンで記入したりすることで進められますが、手作業で行うにはかなりの手間がかかります。これを自動化したものが、2.4.1項で紹介したQFDシートの「インパクト予測」機能です。

インパクト予測を使うと、着目した要因が大きくなったときに他の要因が大きくなるのか小さくなるのか、品質が良くなるのか悪くなるのかを色で表示することができます。白黒ではなかなか表現しにくく見づらいかもしれませんが、参考にこの極性を考慮したインパクト予測の結果の例を**図3-8**と**図3-9**に示します。選択した要因が大きくなったとき、左端の「変化の方向」欄に「青(増加)」と書かれた右上がりのパターンで塗りつぶしたのが増える（品質なら良くなる）要因、「赤（減少)」と書かれた右下がりのパターンで塗りつぶした要因が減る（品質なら悪くなる）要因です。パターンが濃いほど影響が大きいことを意味しています。

QFDシートでは連続的な濃淡の変化で表しますが、本書では濃淡を3段階で表しています。また、影響が大きくても大小関係が不明な（どちら向きに変化するかわからない）要因や、大小を定義できない要因（「～の種類」など）

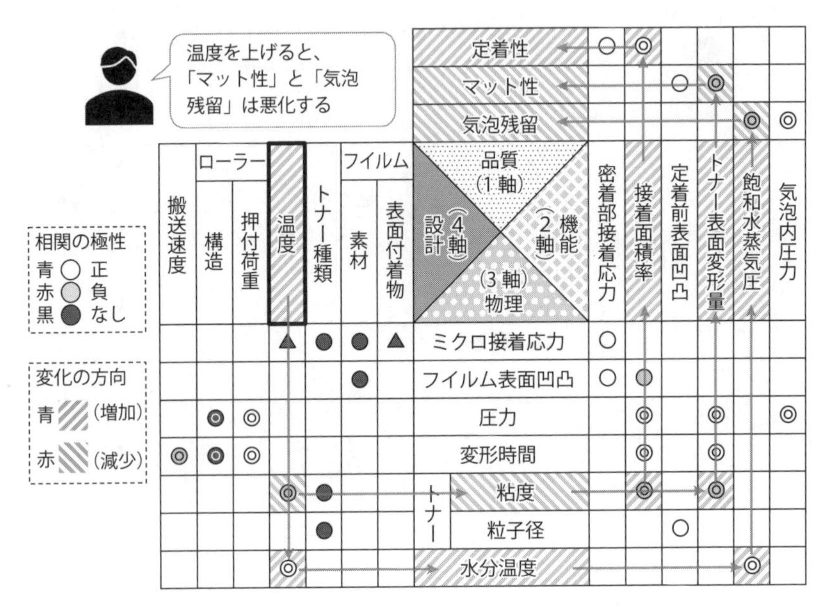

図3-9　相関の極性を考慮した「温度」の影響の探索

については、色がつきません。

図3-8は、第1軸の「定着性」という品質を良くするためには、第4軸の「温度」と「押付荷重」は大きくした方がよく、「搬送速度」は小さくした方がよいことを示しています。図3-9は、第4軸の「温度」を大きくすると、第1軸の「定着性」は改善するが他の品質が悪くなることを示しています。

3.1.4　仮説検証の効率化

起こっている事象の原因が明らかでない問題を解決しなければならないときは、仮説検証のプロセスが必要になります。たとえば、新しい技術を確立しようとしているときや、予期せぬ品質問題の原因を究明しなければならないときなどです。そのようなときに、設計パラメーターをさまざまに振り、問題が解決するパラメーターの組み合わせを探す、ということもできます。しかし、それではなぜ解決したのかというメカニズムがわからないままになり、また同じ問題が発生するかもしれませんし、発生したときの対処の仕方もわかりません。そのため、メカニズムの仮説を立てて検証し、そこに手を打つというプロセスを経るのが理想です。

問題点がわかりやすい場合や、優秀なベテラン技術者がいるときは、適切な仮説を立てて一度で検証できるかもしれません。しかし、事象が複雑な場合はそう簡単には行きません。立てた仮説が正しくなければ、その仮説を棄却して、新たな仮説を考え直します。その仮説も棄却されたら、また次の仮説を考えることになり、**仮説が棄却されるたびに振り出しに戻る**プロセスになります。

このようなプロセスを繰り返している間に、何がわかっていて何がわかっていないのか、混乱してくるのもよくあることです。そんな厄介な問題ばかりが発生するわけではないと思いますが、発生する問題の中にひとつでもそういうものがあれば、開発・生産は止まってしまうかもしれません。

そのようなときに、MDLTによる「MECEな仮説の構造」を持つことにより、仮説検証を大幅に効率化することができます。それには大きく、以下の2つの側面があります。

◇**仮説をMECEな構造でとらえる**ことにより、ある仮説が棄却されたときに残る仮説の構造が明示される。これによって仮説検証の後戻りをなくし、仮説の棄却によって振り出しに戻らず前進できるようになる
　⇨(1)仮説の棄却による検証ステップの前進

◇より多くの要因が関わっている事象を仮説検証のポイントとして選定することで、**より少ないステップで効率的に仮説検証を進める**ことができる
　⇨(2)仮説検証ポイントの選定

富士ゼロックスでは、問題解決の場面で「まずMDLTを作成しよう」ということがあります。それはまさしく、「MECEな仮説の構造」を持つことが目的です。

「定着性」のMDLTを例にとってもう少し詳しく説明します。立てる仮説は、新しい技術によって品質を改善する目的ならば「改善仮設」、発生した問題の原因を究明する目的ならば「原因仮説」です。ここでは、開発の途中で原因不明の「定着性の低下」という問題が起こったと仮定します。そして、その原因究明のための「原因仮説」を立てて検証する場面を考えることで、上記の

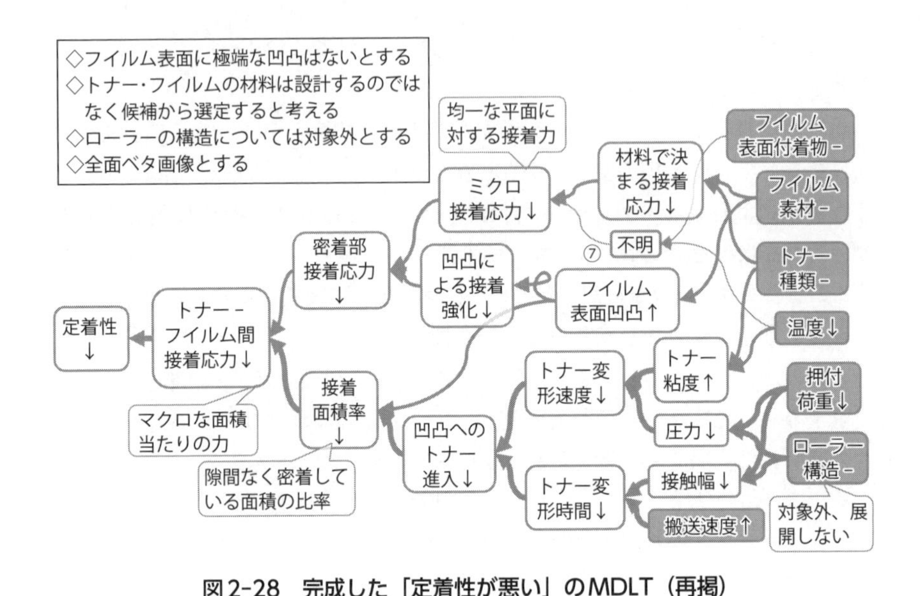

図2-28　完成した「定着性が悪い」のMDLT（再掲）

2つの側面を説明します。そしてさらに、3つめのポイントとして、「改善仮説」を立てる場面でのMDLTの使い方を考えます。

(1) 仮説の棄却による検証ステップの前進

定着性が突然低下して原因がわからないときに、「MECEな仮説の構造」を持っていなければ、「定着温度が低くなったのではないか」と温度を測ったり、温度を高くして実験したり、それでだめなら「フイルムに何か付着したのではないか」と表面を調べたりするかもしれません。仮説が棄却されるたびに、「他に仮説はないだろうか」と振り出しに戻ることになります。これが、仮説検証の後戻りです。さまざまな検証を試行しているうちに、振り返ってみるといったん検証したのと本質的に同じことを検証していた、などということも起こります。

再掲した図2-28の「定着性」のMDLTが、そのまま「定着性が低下した」という事象の原因仮説の構造になっています。この因果関係がMECEであれば、上で述べた「温度が下がった」「表面に付着物がある」という仮説が棄却されたら、原因は必ずMDLTに示された他の要因であることがわかります。

図3-10の(a)は、そのようにして棄却された「温度」と「フイルム表面付着

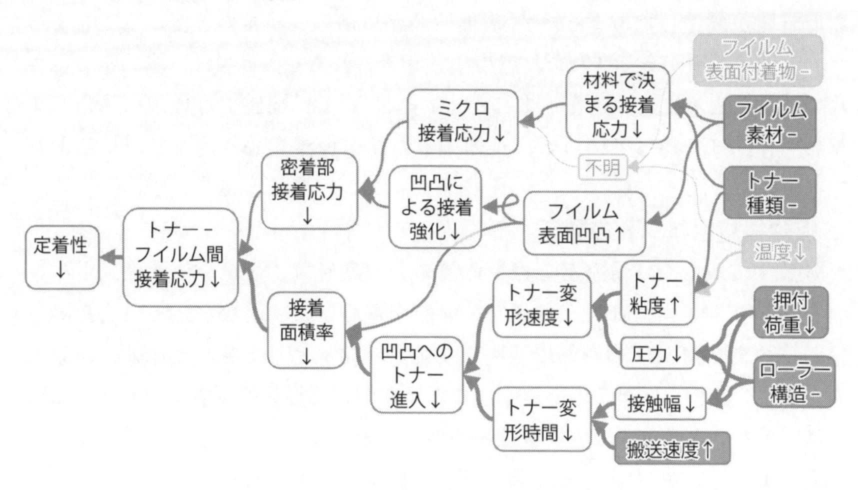

(a)「表面付着物」と「温度」を棄却

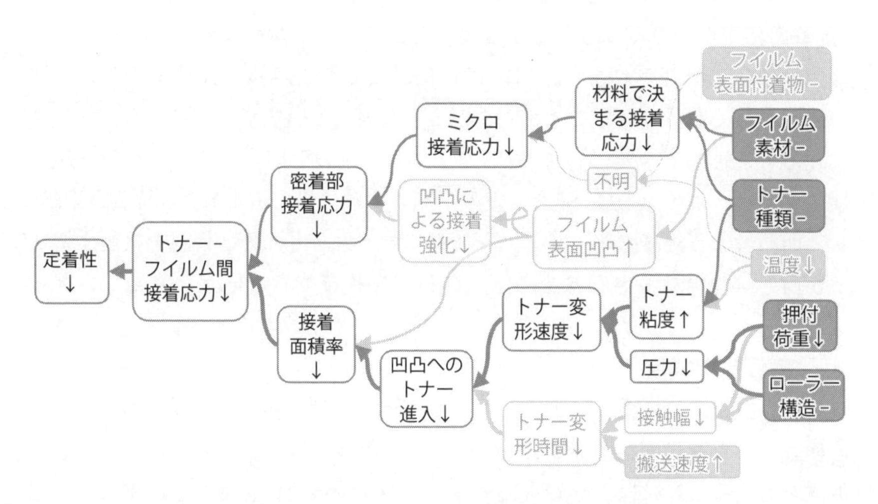

(b)「表面凹凸」と「トナー変形時間」を棄却

図3-10　棄却による原因仮説の絞り込み

物」が寄与する要因を薄く表示したものです。図3-10(b)は、さらに「トナー変形時間が変化してしまった」「表面凹凸が以前のフイルムと変わってしまった」という仮説が棄却された状態です。考えられる原因仮説は、濃い色で示されているところに絞り込まれました。このように、「MECEな仮説の構造」すなわち**MDLTを持っていれば、棄却するたびに仮説を絞り込んでいくことができます。**

(2) 仮説検証ポイントの選定

MDLTで表した「MECEな仮説の構造」があれば、最適な仮説検証ポイントを選定できます。MDLTは通常、展開が進むほど要因が増えていくため下流側、つまりMDLTの右側の要因を検証ポイントとして選ぶと検証の回数が増えます。逆に、**MDLTの上流側、つまり左側の要因を検証ポイントとして選べば、少ないステップで仮説検証を進められます。**

図3-11は、この考え方で仮説検証を進めているところを表しています。トナーとフイルムが、ミクロに見たときにどのくらいの面積で接触しているかは、測定することが可能だとします。その測定に手間と時間がかかっても、「接着面積率が小さくなってしまった」という仮説を棄却すれば、その下流の要因は一気に棄却されます。図3-11に破線で示した「接着面積率↓」の下流の要因が薄くなっていることが、このことを表しています。

残る可能性は、「密着部の接着応力↓」の下流の要因だけです。すると次に検証するべきポイントは、その1段階下流の要因に当たる「ミクロ接着応力↓」と「凹凸による接着強化↓」という仮説です。もしも、その仮説を検証することが難しい場合は、さらにその下流の仮説を検証できないかと考えていきます。

(3) 改善仮説の検証

新しい技術やこれまでに実施したことがない施策を検討する場合の改善仮説を検証するときにも、前述の2つのポイントが当てはまります。しかし、改善仮説を考えるときには、むしろ従来考えていなかった仮説を導き出すことの方が重要になってくるかもしれません。そのようなときは、3.1.1項で説明した**技術の創出に向けたアプローチをベースに検討してください**。すでにMDLTができているのであれば、①MDLT作成に当たって前提条件としたことを緩和・排除する、②物理的にMECEな展開になっていないところを探す、③「メ

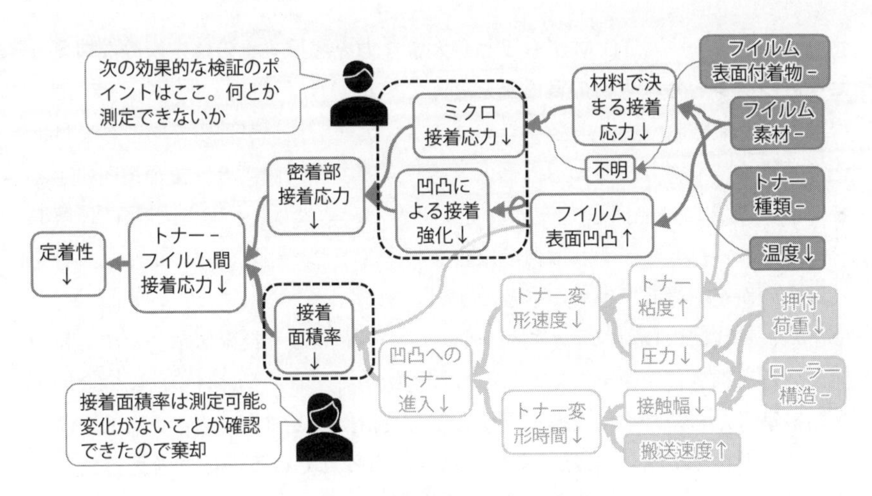

図3-11　仮説検証ポイントの選定

カニズムがわからない」となっているところに着目する、などのアプローチで可能性を広げることができるかもしれません。

トラブルの「原因仮説」を考える場合は、必ず原因があるはずでそれを突き止められるかどうかが問題です。一方、品質の「改善仮説」を考えるときは、必ずしも改善の施策を見つけることができるとは限りません。「改善施策がない」という結論を出す場合は、**「すべての手を尽くした」ことを客観的な事実として示さなければなりません。**これは前向きな話ではありませんが、しかし「さらなる検討を止める」という判断をすることも現実問題として重要です。

仮説が尽きたことを示すのは難しいものですが、この場面でもMECEなMDLTが強力な武器になります。抜け漏れのない仮説の構造を前提としてすべての仮説を検証したが、その中には解がないことを示すのです。また次項でも触れますが、撤退の判断をする場面では議論が感情的・政治的になりがちです。そのようなときにMDLTをベースに議論することで、技術的な観点に基づいた冷静な判断を促す助けになるはずです。

3.1.5　技術コミュニケーションと人材育成

設計・開発・生産におけるTD^2Mの適用の仕方とその効用について述べてき

ましたが、私たちは**TD²Mがもっとも大きな力を発揮するのは技術的なコミュニケーションと技術人材の育成**だと考えています。

開発・生産を進めるに当たって、コミュニケーションが重要であることはあえて言うまでもありません。人と人、チーム間、部門間、そして企業間に至るまで、協業または連携してモノづくりをするためには、技術を相互に理解して、何をするべきか、それは何のためなのか、それが相互にどのような影響を及ぼすのかを納得して進めるべきです。

また、世代間の技術コミュニケーションがいわゆる「技術伝承」です。目の前にいる後継者に技術を伝えることも技術伝承ですし、今は目の前にいない未来の後継者たちのために技術を残すことも技術伝承と言えます。専門的な深い知識を伝承することも重要ですが、昨今**求められているのは「考える力」**です。私たちは「考える力」を、聞いたことを正しく実行するだけでなく、その背景にあるメカニズムを思考して的確に理解する力であると考えます。さらには、もう一段高い視点から見てそのような思考を促し、周囲に広げる人材を育てることも大変重要になります。

本項ではTD²M、特にMB-QFDを活用して技術的なコミュニケーションの促進と人材育成を実現する姿を説明します。

(1) 技術コミュニケーションと技術伝承

協業・連携して技術やモノを作ろうとしているときに、人によって理解が異なっていて、それが障害になることがよくあります。同じ理解をしているはずの技術についての認識が実際には異なっていることが多いのは、MDLTの作成で品質を定義するところからもめることが多い点からもわかります（2.2.2項の(2)参照）。また、組織における横の関係だけでなく縦の関係においても、考えている技術の内容が上司になかなか伝えられない、部下が何を伝えようとしているのかはっきりしない、ということはよくあるのではないでしょうか。そのような人と人との技術コミュニケーションの問題を解決するために、**MDLTを作成して技術の共有に利用する**ことが有効です。

技術を受け渡す関係にある人に対してであれば、4軸表の形にして、TDASに格納した技術情報と紐づけた形で渡すことで、**技術のメカニズムと関連情報を余すところなく伝える**ことができます（3.1.2項を参照）。伝えたいことが「この設計値を変えてほしい」ということだけだったとしても、なぜその変更

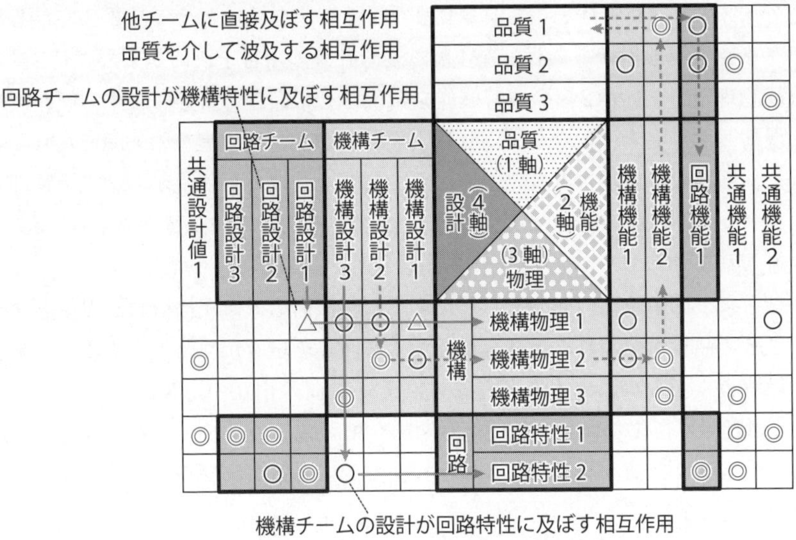

図3-12　4軸表によるチーム間相互作用の可視化・伝達

が必要で、それはどういう因果関係の連鎖で品質に影響するのかも併せて伝わらなければ、適切な判断ができないかもしれません。また、日頃の活動の中で協業してMDLTと4軸表の作成、技術情報の蓄積と紐づけをすることができれば、知識を共有して相互に理解を深める開発を進める上でこれに勝るものはないでしょう。

技術・商品を連携して作り込んでいくチーム間・部門間の協業においても、相互の技術コミュニケーションは重要です。特にチーム間・部門間で役割分担をして開発を進め、すり合わせて商品を作っていく場合には注意が必要です。たとえばひとつのチームで設計を変更したときに、他のチームも関係する設計を変更しなければならないのを見落としたり、チームごとに個別に行った設計変更が相互に影響して品質に悪影響を及ぼしたりすると、深刻な問題につながります。

図3-12は電気回路で駆動する機構を開発するために、回路設計チームと機構設計チームで協業して開発をすることをイメージした、4軸表による相互影響の可視化の例です。回路設計チームは、第4軸の回路設計の項目を決めるこ

とで第3軸の回路特性を得て、第2軸の回路機能を発現させて品質に寄与します。また機構設計チームは、第4軸の機構設計の項目を決めることで第3軸の機構物理を得て、第2軸の機構機能を発現させて品質に寄与します。回路設計と機構設計が完全に独立していればよいのですが、図中実線の矢印で示したように、回路設計の項目が変化することで影響を受ける可能性がある機構物理の項目[i]や、機構設計の項目が変わることで影響を受ける回路特性の項目[ii]があるかもしれません。

さらに、図中破線の矢印で示したように、機構チームが機構設計の値を変えたことで品質が変わり、それを補うために回路チームが回路の機能にケアをしなければならないこともあり得ます。チーム間の相互の影響が図3-12のような4軸表で可視化されていれば、定期的な情報共有のタイミングで確認しながら議論することで、**ミスコミュニケーションによるトラブルを大きく減らすことができます**。

品質問題に対応する中で、協業・連携するべきチームや部門の間のコミュニケーションをとることが難しい状態になることがないでしょうか。特に、越えなければならない技術的なハードルが高い場合や、トラブルのため業績へのインパクトが予想される場合などの難しい状況下で、組織間のコミュニケーションが困難になることがよく発生します。このようなケースでは、技術的な議論と責任論が混同され、次第に感情的な議論になりがちです。そのような場面でも、MB-QFDが効力を発揮します。

そういう状況では、同じ事柄について議論をしているつもりでも実は論点がずれていたり、伝わっているつもりでいたのに実は伝わっていなかったりなど、技術に対する認識があいまいなままで議論するためにすれ違いが頻繁に起こっているはずです。問題になっている事象をMDLTで表現することで、このすれ違いがなくなります。

問題を物理的な事象として客観的にとらえることで、各チーム、各部門がどの要因を担っていて、互いにどのような影響を及ぼし合うのかが可視化できるため、**責任論や感情論ではない、あくまで技術的な関係性の議論を促せます**。

---

i　たとえば、電気回路が生じる電磁場によって機構に余分な力が働くなど。

ii　たとえば、機構の摩擦熱によって温度が上がり、回路の抵抗が変化するなど。

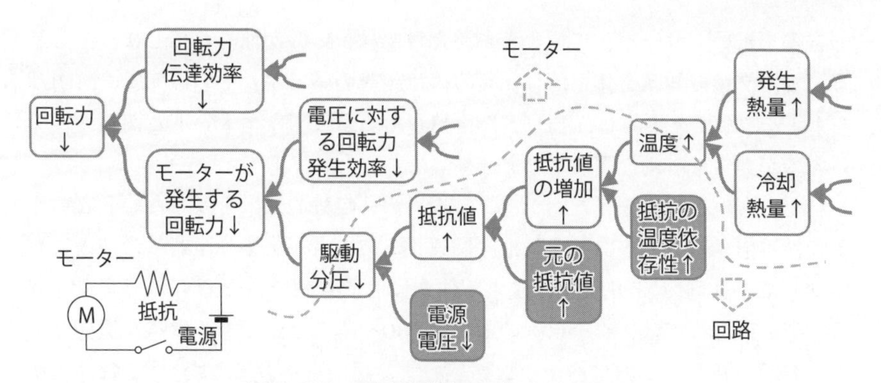

図3-13　回転駆動機の回転力のMDLT

このとき、後に述べるファシリテーターがいると、第三者的な視点から客観的、論理的なMDLTを描くことができ、問題解決がスムーズに運びます。

以前に、トラブル解決の場面で描いたMDLTを、回転駆動機開発の場面に当てはめた例を**図3-13**に載せます。これは、モーター設計チームとそのモーターを駆動する回路設計チームで回転駆動機の開発を進めたときに、モーターの回転力が低下するという問題が起こったことを想定した事例です。

モーター設計チームは「回転力が下がったのは駆動電圧が下がったからだ」として、回路設計チームの責任と考えています。一方、回路設計チームは、電圧が下がったのはモーターの熱によって抵抗のバランスが変わったのが原因であり、モーター設計チームが悪いと思っていました。このような場面で図3-13のようなMDLTを描くことで、何が起こっているかを冷静に分析的に見ることができるようになり、問題解決のために互いに何ができるかを建設的に話し合ったり、アイデアを出し合ったりすることができるようになりました。

このようなときには、網羅的に要因を展開しようと考える必要はありません。状況を整理することが目的なので、問題となっているところだけ展開して、あとは必要なときに展開を継続するとよいでしょう。継続した結果、展開を完成できれば、ここまで述べてきた仮説検証や手戻りの防止にも活用できます。

先にも述べたように、「技術伝承」は世代間の技術コミュニケーションです。今、目の前にいない後継者たちに技術を残したいと考えても、技術メモや報告書を書いてサーバーに置いておくだけでは、いつか埋もれてしまうでしょう。また文章で知識を体系的に伝えるのは至難の業です。その意味で、MDLTや4軸表に知識を集約し、TDASに格納した関連のドキュメントと関連づけて残すのが非常に有効な手段になります。

私たちも、退社を控えたベテラン技術者の「自分の知識を残したい」という依頼に対応することがありました。関連する技術者が集まり、若手の技術者も参加して、共同でMDLTを作成する作業はとても刺激になるものでした。若手技術者にとっては、ベテランの頭の中をのぞくことができる貴重な機会ですし、若手の新しい知識にベテランが感心する場面もありました。「ここは我々だけではわからないな」というところがあれば、その領域の技術者に声をかけ、次回の検討に参加してもらうことで完成度を上げました。

⑵ 人材育成とMB-QFDファシリテーター

MDLTや4軸表を作成する作業自体が、先入観を持たずに**ゼロベースで論理的に物事を考え、知識を整理して活用できる人材の育成に直結**します。また、議論を通じて**メカニズム思考に強い人材を見つけて育成する**意義もあります。勘と経験を積み重ね、瞬時にリスクと対応策を見抜く人材は、言うまでもなく重要であり貴重です。しかし一方で、論理的に物事を考えて可視化・説明し、演繹的に結論を導く人材も必要です。

これまで社内外のさまざまなメンバーで、MB-QFDを実施してきた感触としては、一定の割合でロジカルシンキングに長けた人材が存在します。その中には日頃発言する機会が少ない技術者もいるのですが、MDLTをツールとして持つことで頭角を現し、技術の議論をリードするようになることもあります。

そのような人材は、技術者から知識を引き出してMDLT・4軸表に可視化する手助けをするとともに、技術者が自ら考えてメカニズム展開ができるように支援する人材として位置づけることもできます。私たちはそのような人材を、MB-QFDのファシリテーターと呼んでいます。ファシリテーターは、必ずしも専任者である必要はありません。むしろ自分の専門領域を持ちながらその枠を越えて、組織内のさまざまな技術的議論の場面に参加し、MDLTや4軸表を武器として技術をリードすることが期待されます。

私たちは、MB-QFDのファシリテーターとして活動するには以下のような素養を備えていることが望ましい、と考えています。

①メカニズムについてのゼロベース思考ができる

ゼロベース思考とは、今まで持っている前提知識や思い込みをいったんゼロにして、**白紙の状態からスタートして物事を考えること**です[11]。MB-QFDでは、技術者の知識の裏返しとして生じる思い込みやあいまいさを排除し、あくまで論理的に因果関係を展開していきます。このため、技術者の説明をそのまま鵜呑みにすることなく、自分の先入観も排除して「そもそも」と考えることが必要です。

②MB-QFDのメカニズム展開を理解している

本書に記載しているMB-QFDのMDLT作成や4軸表展開の知識を持っていて、自分で展開ができることが必要です。品質を事象でとらえたり、**要因を分岐する切り口を見つける**には一定の慣れが必要になるため、そのような部分について**アイデアを出したり、作成を支援したりする役割**を持ちます。MB-QFDの方法論について最初から精通することは難しいため、場数を踏みながらスキルを高めていくと考えてください。

③コーチングスキルを有している

コーチング[12]とは、人の能力や可能性を引き出して、望む目標を達成できるように支援することを言います。コーチングには、a)予断を持たずに人の話を聞いて受け入れる傾聴のスキル、b)人の考え方を認める承認のスキル、c)人が自ら考えて答えを出せるように仕向ける質問のスキルが必要とされています。これらは、MB-QFDのファシリテーションにおいても有効なスキルです。また、チームを相手にして議論することが多いため、これらに加えてメンバー間の摩擦を解消し、バランス良く知見を引き出す調整のスキルが備わっていると理想的です。

④対象とする技術領域の基礎知識がある

技術的な議論をリードするので、その技術領域についての基礎知識は必要です。ただし、基礎知識は必要ですが、**対象とする課題の深い専門知識は必ずしも必要でなく**、むしろそれが**邪魔にもなり得ることに注意しなければなりません**。専門知識は先入観の元になりますし、ファシリテーターに専門知識があることをメンバーが知っていると、立場上「そもそも、それはなぜですか？」というゼロベースの質問がしにくくなります。逆に言えば、ファシリテーターは一般に技術者が誰でも知っている基礎知識を持っていれば、**自分の専門技術の領域でなくても、効果的なMB-QFDのファシリテーションをすることができる**とも言えます。

MB-QFDのファシリテーションの進め方はおおよそ以下のようなものとなります。まず、技術問題のヒアリングを実施します。この中で自分が「そもそも」が理解できるまで質問を続けることで、知見のあいまいな部分をあぶり出し、対象とする品質課題が何かを合意します。それができたら、あとはMB-QFDの方法論に沿ってMDLTの作成、4軸表への展開をリードします。

その場には技術のことを適切に説明できる技術者に参加してもらう必要がありますが、人数が多すぎると発言者が偏ったり、参加者が委縮したりする傾向があるので、多くても数人で行うのが理想的です。特に展開の終盤では、ファシリテーターは同じ要因を違う言葉で表していないか、可視化されている知識が現場の知見と整合しているかの確認を促すなど、担当の技術者だけでは気がつきにくいところをカバーして妥当な可視化を支援する役割を担います。

ファシリテーターがいることで、メカニズムベース開発の浸透を加速させることができます。また、ファシリテーター自身がさまざまな技術領域の知識を吸収し、技術を俯瞰できる重要な人材となることが期待されます。

3.2 活用の具体的な事例

本節では、実際に富士ゼロックスでTD^2Mの仕組みを活用して効果を上げた事例について紹介します。紹介できる事例が限られ、また実際に活用されたMDLTや4軸表をあまり詳しく紹介できないものが多いのですが、ご容赦ください。

3.2.1 用紙デカーラー解析技術開発

最初に、新規解析技術の開発に当たってMB-QFDの考え方を適用した事例を紹介します。複写機・プリンターで印刷されて出てきた紙が反り、丸まった状態になっていることを用紙のカールと言います。これは用紙が電子写真の定着器を通るときに、発生しやすい品質問題のひとつです。このカールを直す装置がデカーラーです。

もっとも一般的でシンプルなものは、一方に弾性ゴム層を有する2つのローラー間に挟み込んだ状態で用紙を通過させ、反りと逆方向の変形を加えることで反りを矯正するものです（**図3-14**）。複写機で使われる用紙は、厚さ、表面の平滑性、硬さなどがさまざまで、非常に幅広い特性を持っています。そのため、多種多様な用紙をカバーする設計パラメーターの決定には、多大な設計工数を要していました。

そこで富士ゼロックスでは、カールの発生メカニズムを明らかにして、デカーラーの設計パラメーターをコンピューターで決めることができるシミュレーション技術の開発に力を入れてきました。用紙が反るメカニズムは、用紙が受ける力による変形と、定着器の熱や水分の移動による硬さの変化、伸縮の影響などが互いに絡み合って起こる複雑な現象です。そのため従来の設計で得られた知見を整理するだけでは、現象全体をとらえることが難しく、また現象を網羅した解析モデルは大規模化することが予想されました。

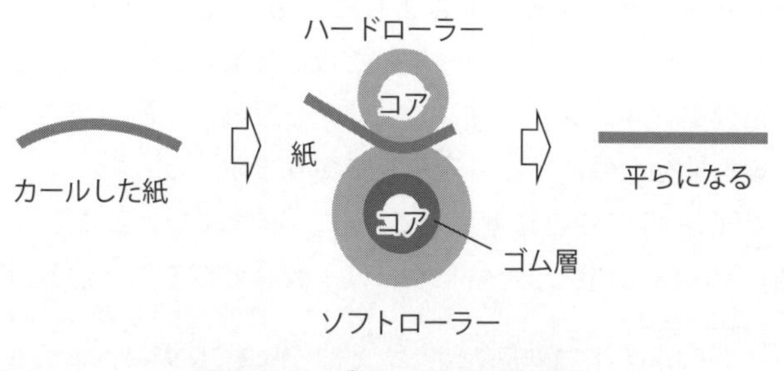

図3-14　デカーラーの模式図

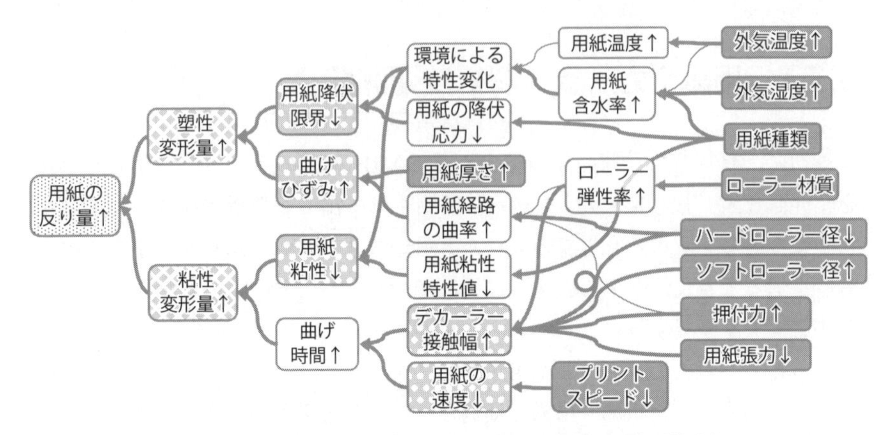

図3-15　用紙デカーラーの力学的変形のMDLT（抜粋）

そこで用紙の反りを物理現象としてとらえ[i]、MDLTを利用してその要因の関係を整理して仮説立案・検証を行いました。その結果、反りは力学的な残留変形と、水分収縮による変形の2つに大別されることがわかりました。

力学的な残留変形は、塑性的な変形と粘性的な変形の寄与があり、前者には曲げの最大曲率、後者には用紙とローラーの接触幅や搬送速度が影響していました（**図3-15**）。いずれも用紙物性の温度と含水への依存性がキーとなるため、その計測技術を新たに獲得するとともに、用紙変形を数理モデル化しました。一方、水分収縮による変形は、用紙内繊維の吸湿・脱湿を考慮することで精度良く予測できることを明らかにしました。

その結果を踏まえて1DCAEシミュレーションモデルを構築することができ、広範囲の用紙種類と稼働条件にわたって、極めて高精度に反りの矯正量を予測できる新規解析技術を獲得できました。**図3-16**がその結果の一例です。ある条件のデカーラーに対してカールした複数種類の紙を通過させたときの、カールの矯正量をシミュレーションした結果を縦軸に、同じ条件で実機で計測したカール矯正量を横軸にとって表示してあります。

すべての結果が45度の線に近いところに表示されていることから、計算で予測した結果と実際に実験した結果がほぼ一致していることがわかります。こ

---

i　用紙の反りを直すためには、その反りと同じ大きさで逆向きの反りを与えます。したがって、用紙が反るメカニズムとデカーラーのメカニズムは本質的に同じです。

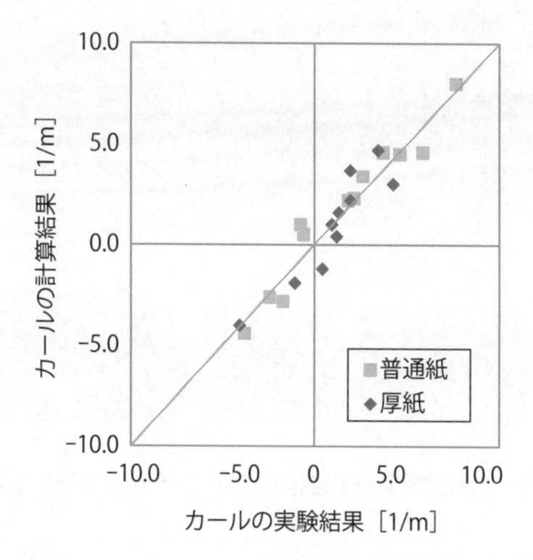

図3-16　デカーラーの予測結果と実測値の比較

の技術を活用し、想定される複数種類の用紙に対してカール量を目標以内に抑えるデカーラー装置の設計値を決定しました。これによって、従来に対して1/4の短期間で新商品のデカーラーを開発することができました[13]。

3.2.2　樹脂射出成形の金型・工程設計

熟練を必要とする難易度の高い業務のひとつに、樹脂射出成形用の金型や工程の設計があります。樹脂射出成形では、一般に2つの金型を合わせてできる空洞に溶融した樹脂を注入し、硬化した後に金型を分けて部品を取り出します(5.1.1項を参照)。しかし、空洞の形状を適切に設計しなければ、金型が抜けない、部品が破損するなどの問題が起こります。

また、樹脂が硬化するときに収縮するため、成形後に成形品の反りが発生することが多く、これを防止するために複雑な設計が必要となります。そのため、技術者の勘と経験が金型のできばえを大きく左右することから、金型設計は伝承が難しい技術のひとつです。特に、近年は低コスト化のために、さまざまな工夫を盛り込んだ金型が多くなっています。2つの部品から成っている部材を一体にして成形する技術はそのひとつですが、試行錯誤を多く必要とするために、技術の作り込みに長い期間を要していました。

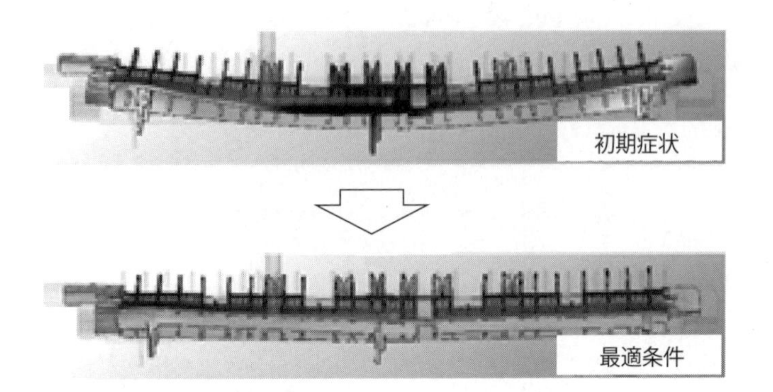

図3-17　金型設計への適用事例（ひずみを10倍に拡大）

そこで、金型技術を開発する部門にMB-QFDを導入し、MDLTを作成して成形時の反りのメカニズムを検討するとともに、因果関係を4軸表で表しました。特に3軸の物理特性の項目に重点的に着目して検討を進めた結果、キーとなる物理特性を洗い出すことができ、これまで注目されていなかった重要な特性に気づくことができました。この知見に基づいて適切な制御要因を選定し、樹脂流動シミュレーションを活用した品質工学的なアプローチにより、反りを最小化して二次障害の発生がない最適な設計値を決定できました。

この設計は難易度が高く試行錯誤が必要なため、すべての工程を完了するまで、従来はベテランでも1年以上の期間を要することもありました。しかし、MB-QFDを用いたメカニズムに基づく開発を進めたことで、試行錯誤や手戻りがなくなり、入社4年目の若手技術者が6カ月で設計を完了して、目標としていた大幅なコストダウンを達成できました（**図3-17**）。

また、樹脂射出成形における実際の生産の場面でも、生産性向上のためにMB-QFDが活用されました。樹脂射出成形では、高温の樹脂材料を金型に送り、冷却して部品を金型から取り出す工程を繰り返すことで、部品を連続して製造することが可能です。このときに、冷却が不十分な状態で金型を開くと、部品が取り出せなかったり、取り出した部品の変形が大きくなったりするなど品質問題につながります。一方で、十分に冷却するまで金型を開くのを待つと、1部品当たりの製造に時間がかかり、生産性は低下します。

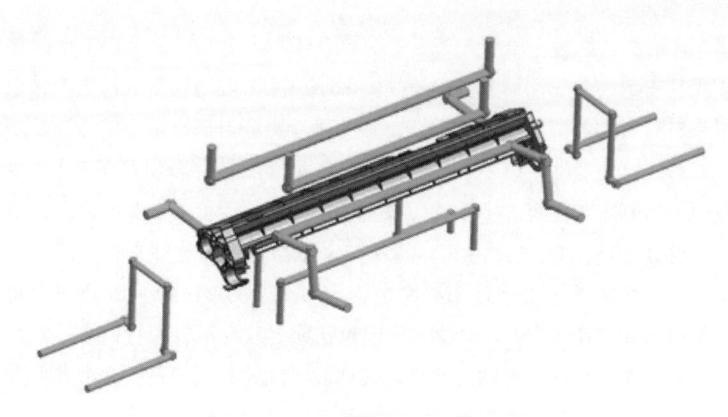

図3-18　金型内冷却水の配管図

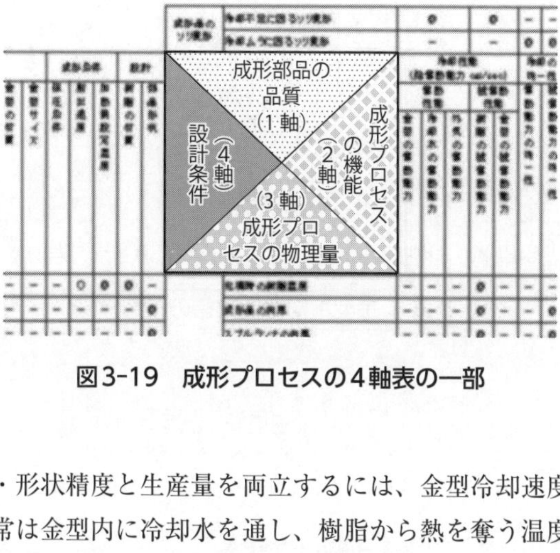

成形部品の品質（1軸）
成形プロセスの機能（2軸）
（3軸）成形プロセスの物理量
（4軸）設計条件

図3-19　成形プロセスの4軸表の一部

部品の寸法・形状精度と生産量を両立するには、金型冷却速度を向上する必要があり、通常は金型内に冷却水を通し、樹脂から熱を奪う温度調節システムが導入されています。温度調節システムの性能を向上させるためには、金型内に冷却水を通す配管を適切に配置する必要があります（**図3-18**）。この配管の設計で取り上げるパラメーターは数多くあり、従来は個々の設計者の勘や経験に頼った部分も残っていました。そのため十分な能力が得られず、設計の手戻りが発生することもありました。

この事例では、設計チームのメンバーが持つ金型冷却プロセスの技術知見を、まず4軸表に集約・整理しました（**図3-19**）。そして、ここでも品質工学とシミュレーションを活用しています。6.3節で述べますが、4軸表の軸項目の対応関係を見ることで、品質工学による的確な実験計画を策定することができます。この4軸表では、第2軸に「樹脂から奪う熱量」の項目があり、第3軸に「金型と冷却水の温度差」がありました。そこで、この2つの要因に着目することで**図3-20**に示したように、場所による冷え方の違いをノイズとしてとらえて、どこでも均一な温度で（図中のばらつきσが小さい）、熱交換効率が高い（図中の傾きβが大きい）ことを理想状態とした解析を行いました。制御因子は、変更が可能な温度調節回路の流路設計関連の因子と、金型条件関連の因子に絞り、L18直交実験を行っています。

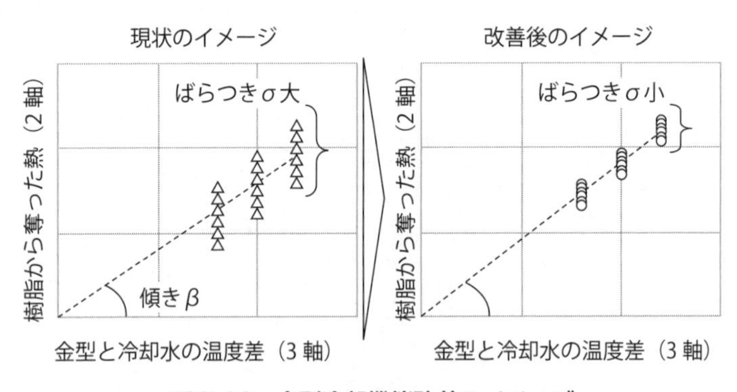

図3-20　金型冷却機能改善のイメージ

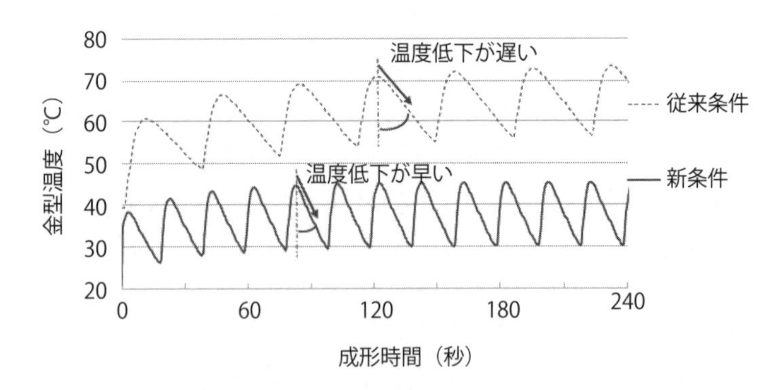

図3-21　金型温度の確認結果

このアプローチで決定した最適条件で実験を行った結果を、**図3-21**に示します。横軸は成形時間、縦軸は金型温度で、山谷の1周期が成形の1サイクルを示しています。従来条件と新条件では、1サイクルの温度低下が速く、金型が樹脂から効率良く熱を奪っていることがわかります。結果として、成形品の品質を従来より向上させながら、冷却時間を従来から42%短縮し、生産スピードを高めることができました[14]。

3.2.3 帯電ローラー新規製造法の問題解決

電子写真技術では、機能部材と呼ばれる、ひとつの部材にさまざまな機能を持たせたパーツがキー部品となっています。帯電ローラーはその代表的なもので、感光体の表面を均一に帯電する役割を負っています。図2-1の電子写真技術の図と帯電ローラーの関係を、**図3-22**に示します。

帯電ローラーは金属の芯と導電性を持ったゴム層からできており、芯の部分に高い電圧をかけることで感光体との間で放電を起こし、感光体上に電荷を均一に乗せます。このとき、帯電ローラーと感光体の接触の仕方に少しでもムラがあると、それが感光体の帯電のムラとなり、濃度のムラとなって画像に現れてしまいます。したがって、このローラーの寸法には非常に高い精度が要求されます。

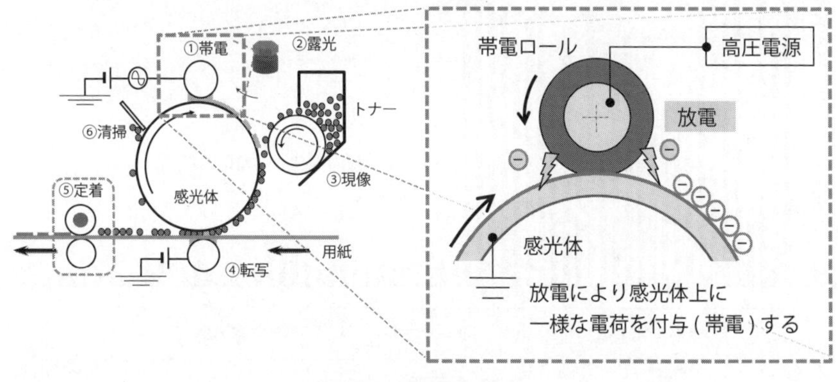

図3-22 帯電ローラー

富士ゼロックスでは、機能部材の多くを社内で製造しています。この帯電ローラーについて近年、コストを下げて生産量を大幅に増やす新しい製造方法を開発しました。ところが、生産の当初にローラーの形状に微妙なムラができ、生産の歩留まりが低下する問題が発生しました。ここでも、MB-QFDを活用した問題解決アプローチが取られました。その製造方法と品質問題の詳細については、残念ながらここで説明することはできないのですが、その効果が非常に顕著だったのでここで紹介しておきます。

開発チームはまず、帯電ローラーの寸法ばらつきに影響する要因をMDLTでMECEに可視化し、着目するべき要因を洗い出しました。そして、寸法ばらつきとのトレードオフとなる品質と併せて4軸表にすることで、検討対象とする物理量、機能を抽出しました。その中には従来、注目されていなかった重要な物理量も含まれていました。ここでもやはり、物理シミュレーションと品質工学が活用されています。

シミュレーションについては、帯電ローラーの寸法パラメーターではなく、第2軸の機能、または第3軸の物理特性を対象とした解析を実施することに

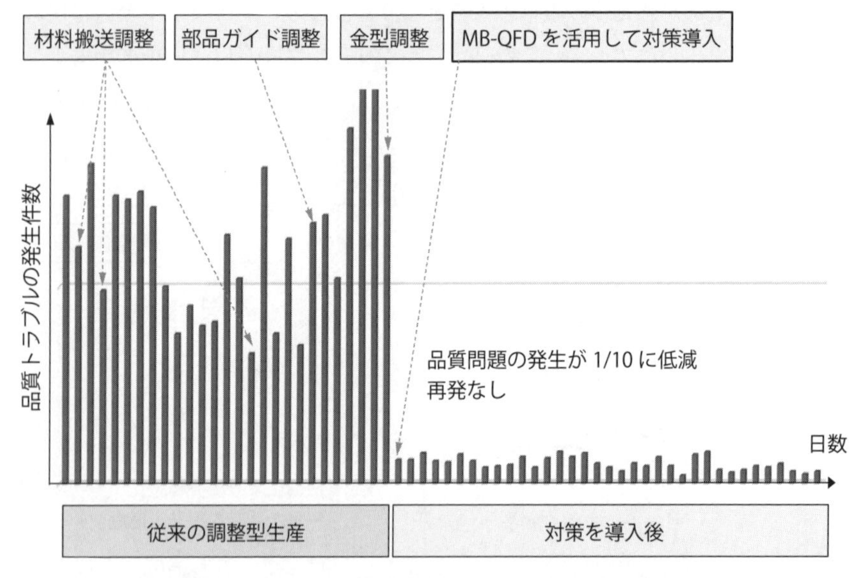

図3-23　MB-QFDによる帯電ローラー製造の品質問題解決

よって、本質的な問題解決をしました。その結果が図3-23です。これは横軸に日数をとって、縦軸に品質トラブルの発生件数をとったグラフです。

「従来の調整型生産」となっている左半分の期間は、日ごとに生産の状況を見ながらさまざまなパラメーターを調整して改善の努力をしていましたが、問題は一向に終息しませんでした。しかし、上記の問題解決アプローチをとって対策を導入した日から、品質トラブルの発生が1/10以下に低減し、それ以来再発していません。

3.2.4　材料解析データベースの構築

最後に、TDASによって、メカニズム解明に必須である材料解析のデータベースを構築した事例を紹介します。

材料解析は、さまざまな分析装置を活用してナノからミクロの組成分析や形態観察を行い、現象のメカニズムやトラブルの原因を解明する技術です。解析の結果は報告書として作成、保管していました。従来はそれらのドキュメントを部門内のサーバーで管理していましたが、情報が埋もれてしまうと判断してTDASの仕組みを活用した蓄積、共有を進めました。

具体的には、社内で決められた属性体系から材料解析関係の情報を層別するのに適した『ツール・装置』『品質・トラブル名』『部品・部材』などの属性名を選定し、個々の属性名に対応した属性値を選定して「材料解析属性セット」を作成し、この属性セットを活用してTDASに分析報告書を格納しました。その属性セットは、TD^{2}Mによってすべてのユーザーに公開されています。

TDASはすべての情報をフラットに管理するため、これらの分析報告書は他部門の技術情報と混在した状態で管理されますが、材料解析属性セットにアクセスすれば材料解析の情報に限定して技術資産を抽出することができ、これが材料解析のデータベースとなります。ユーザーは、材料解析属性セットを見れば、どの属性で情報を絞り込めばよいかが瞬時に判断できます。

従来はフォルダー構造で管理していたため、まず最上位のフォルダーで対象とする材料解析手法を絞り込んだ上で、サブフォルダーをたどって情報を探す必要がありました。それを実行するためには、自分が抱えている問題を解決するための材料解析手法を知らなければなりません。しかし、ほとんどの技術者は材料解析のことは十分に知らないため、関連の技術者に聞いてから調べるということが起こっていました。

TDASでは、技術情報の属性管理によって自在な切り口で情報を絞り込めるので、蓄積した情報の活用範囲が広がりました。たとえば『品質・トラブル名』が「破断」で、かつ『部品・部材』が「ベルト」である情報に絞る、などの使い方で、どのような解析手法を使えばよいのか、近い事例はあるか、などの情報の探索が可能になり、開発部門でも活用されています。

第4章

現場課題解決のテンプレート：設計問題編

子曰く、故（ふる）きを温（たず）ねて新しきを知る、以って師と為るべし[i]。

論語[ii,15]より為政第二より

本章では、設計で基本となる現象のMDLT（メカニズム展開ロジックツリー）のテンプレートを説明します。その上で、現場で遭遇する典型的な設計問題を取り上げ、MDLTのテンプレートを使って解決する事例について説明します。該当する専門知識を持つ技術者の方々に活用していただきたいのはもちろんですが、専門外の方も事象のメカニズム展開の仕方やその使い方で、参考にしていただけるところがあるのではないかと思います。

i　現代文では、以下となります。孔子はおっしゃいました。「古くからの伝えを大切にして、新しい知識を得ていくことができれば、人を教える師となることができるでしょう」

ii　中国春秋時代の思想家「孔子」と彼の高弟の言行を孔子の死後、弟子たちが記録した書物です。

4.1 基本となるMDLTのテンプレート

本節で機械工学の基本となる、**流体、構造、熱、振動のMDLTのテンプレート**を説明します。いずれもさまざまな事象のメカニズムを展開するときに、よく出てくる現象です。そのまま実問題に適用することはできないかもしれませんが、考え方を理解いただくことでメカニズム展開の助けになるはずです。テンプレートとして利用することを念頭に、できるだけ正確に、物理量の単位に気をつけながら展開したMDLTを、展開の考え方の解説とともに示します。ここまで説明してきたように、**本節で示すMDLTが唯一の展開の仕方というわけではありません**が、できるだけ単位をそろえた展開をすることで物理的なつながりの**妥当性が判断しやすく、汎用的に使えるMDLTになっている**はずです。

何を設計対象とするのかは、対象とする課題が明確にならないと決められませんので、設計項目までは展開しません。これらのテンプレートを利用するときは、ここからさらに設計項目への展開が必要であることを忘れないでください。また何を品質として、何を機能、物理の項目ととらえるのかなど各要因の位置づけは課題によって異なるので、**ここでは4つの軸の設定はしない**ことにします。最後に「●」がついている要因は、MDLTの中に同一要因があることを示しています。カッコ書きのアルファベット記号は説明の記号と対応しています。

本節で示すMDLTはできるだけ飛躍のないように、2分岐になるように展開していますが、これより先の節で示すMDLTは紙面に収まるように省略したり、何段階かの分岐をまとめて3つ以上の多分岐で表したりする場合があることをご承知おきください。

4.1.1 流体問題のMDLTテンプレート

まず、簡単な流体問題のMDLTから説明します。流体工学の初歩を勉強し

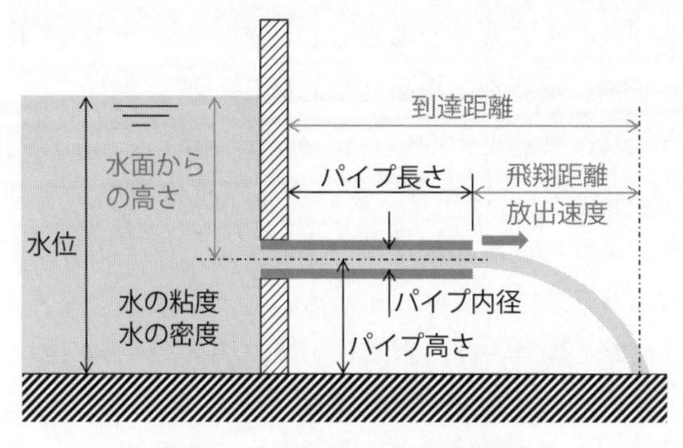

図4-1　パイプからの水の放出

た方は式に書いて解ける簡単な問題ですが、**メカニズム展開のさまざまな側面が現れてくる**ので、参考になると思います。

図4-1を見てください。水をせき止めている壁にパイプを挿入して、水を放出させ、できるだけ壁から遠くまで到達させたいとします。図中に黒い文字で書いてあるのは、「決めることができる」または「あらかじめ決まっている」項目で、通常は4軸表の第4軸の項目に相当します。この「パイプからの水の放出で、水を遠くまで到達させる」という課題のMDLTを描きます。「水の到達距離［m］↑」という事象から始めます。ここでは、メカニズム展開の分岐の考え方を説明してから最後にMDLTを示しますので、よろしければ練習問題だと思ってみなさんも考えてみてください。

「水位が高いほど遠くまで届くだろう」「パイプは太い方がよいのではないか」など、いろいろと思いつくと思います。しかし、メカニズム展開の考え方で説明したように、「水の到達距離［m］」が大きくなることの直接の要因は何かを2分岐するというところから考えてください。

⑷壁からの「水の到達距離」は、「パイプの長さ」とパイプから放出してからの「飛翔距離」の足し算で決まります。どちらも大きいほど、到達距離は長くなります（ただし、パイプの長さを長くすると放出速度が遅くなり、飛翔距離が短くなるため注意が必要です）。

⑻飛翔距離は水平方向の「放出速度」と、放出されてから地面に到達するまでの「落下時間」の掛け算で決まります。飛翔中に空気抵抗を受けるた

め、水の速度は徐々に遅くなるかもしれませんが、ここでは空気抵抗は無視して考えます。重要な前提条件は記載しておきます。

(C)水は垂直方向には初速度のない自由落下をします。「落下時間」は√（高さ/(2×重力加速度)）になります。空気抵抗は無視する、という前提にしたので考えません。重力加速度を変えることはできませんが、要因として記載はしておきます。

(D)パイプの「流路の流れやすさ」と、パイプの入口と出口の「圧力差」が大きいほど、水の「放出速度」が大きくなります。ここでは、「流路の流れやすさ」は「圧力が1［Pa］増えるごとに放出速度が何［m/s］速くなるか」を表す量であるとします。したがって、単位は［(m/s)/Pa］です。

(E)MDLTでメカニズム展開をするときは、よく要因を「材料の寄与」と「形状（構造）の寄与」の掛け算で分岐します。「流路の流れやすさ」は、材料の寄与である「水の粘度」と「形状要因の流れやすさへの寄与」の掛け算です。

(F)「形状要因の流れやすさへの寄与」はパイプの直径が大きく、「パイプ長さ」が短いと大きくなります。(A)で出てきた「パイプ長さ」が同一要因として現れます。(A)のときの「パイプ長さ」と↑↓が逆になるため、品質に対して良い方と悪い方の両方に働くトレードオフの要因であることがわかります。パイプの流路の断面が円形でない可能性があれば、断面形状の影響を考慮して流れやすさを考える必要があります。「パイプの断面寸法」に「断面形状」による補正係数を掛けて、円形断面の径に換算したものを流体工学で「相当直径」と言います。ここでは断面の形状は決まっていないため、「断面形状」は量で表すことができず、増減（↑↓）の記載もできません。

(G)水が流れていないときの水圧が、「水の密度」と「重力加速度」と「液面までの高さ」で決まることは、流体工学ではよく知られています。単純な式で表されているので、無理に2分岐にせず、式を記載して3つの要因に分岐します。「液面までの高さ」を決める「パイプ高さ」も同一要因になります。(C)で出てきたときと↑↓が逆になっているので、これもトレードオフの要因です。

完成したMDLTを**図4-2**に示します。

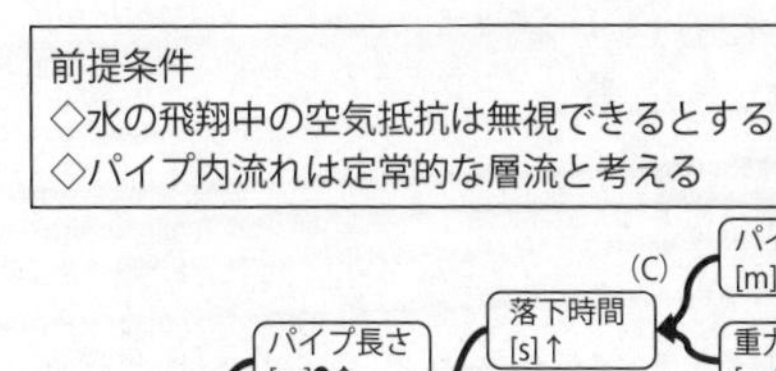

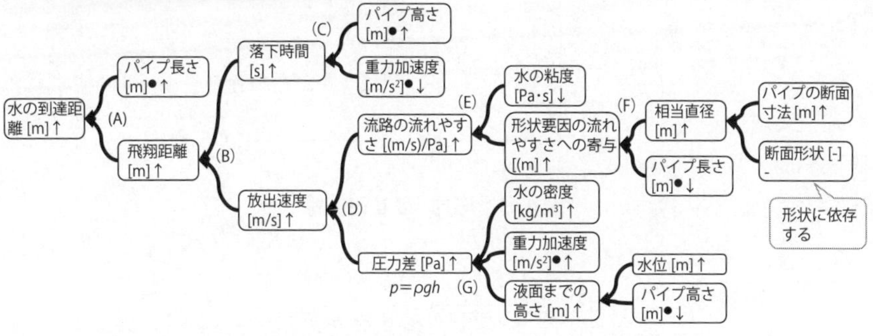

図4-2　「水が遠くまで到達する」という事象のMDLT

4.1.2　構造問題のMDLTテンプレート

構造問題のテンプレートとして、対象物にストレスがかかって破断するという現象を考えます。破断はしない方がよいはずなので、「破断耐性」という品質が悪い、というMDLTになります。対象物は、**図4-3**に示す応力-ひずみ曲線に沿った普通の弾性体とします。対象物全体に強制的な変形や力が働きますが、破断する一番弱い部分を「破断部」と呼ぶことにします。このMDLTには、基礎的な材料力学の応力とひずみの関係に加えて、**要因の経時的な変化の表し方**なども含めていきます（**図4-4**）。

(A)「対象物の破断」は、対象物のモノとしての破断のしにくさと、対象物を破断させようとする作用のせめぎ合いです。物質は働く応力（単位面積当たりの力）が限界値を超えたときに破断するため、量で表せば破断のしにくさは「破断部の破断限界応力」、破断させようとする作用は「破断部に生じる応力」です。

(B)破断限界応力は材料で決まりますが、さまざまなストレスによって材料が破断しやすくなる場合もあります。このような場合は、経時の影響を「初期値」+「経時による変化」という足し算で考えます。一般にストレスによる劣化は、「劣化ストレスの大きさ」と「劣化感度」（単位量のストレス

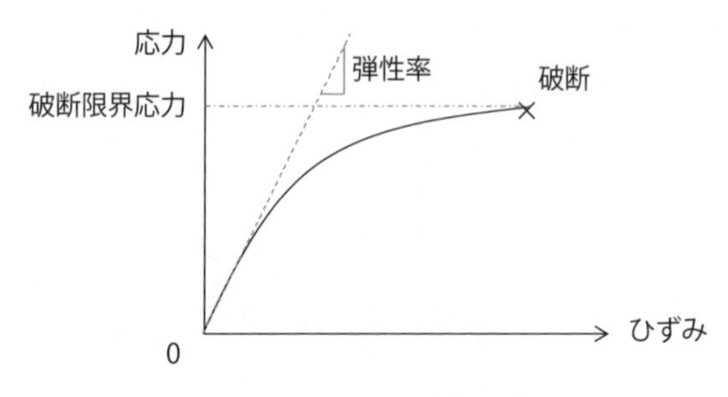

図4-3 応力-ひずみ曲線

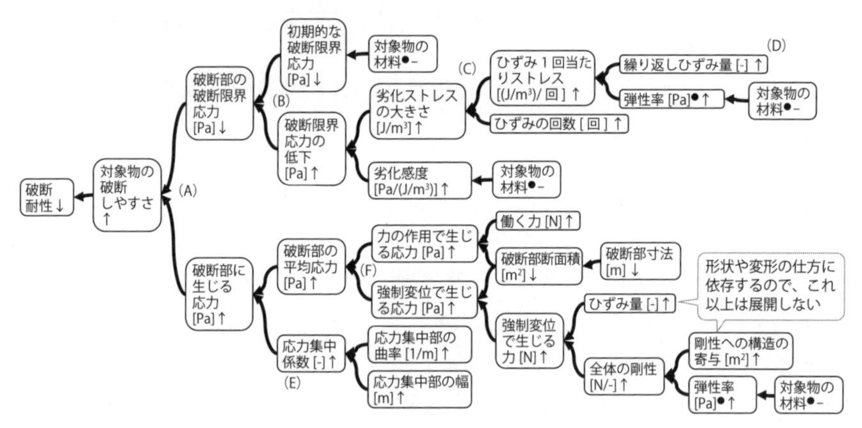

図4-4 「破断耐性」のMDLT

が加わると、どの程度劣化するか）の掛け算で表現できます。「劣化感度」は一般には材料で決まります。

(C)このMDLTでは、破断限界応力を低下させる劣化ストレスとして、機械的な繰り返し変形を考えます。温度や化学的なストレスなど、考えられる劣化ストレスが複数ある場合は、それぞれのストレスによる劣化の足し算で全体の劣化の度合いが決まると考えて、ストレスの種類ごとに分岐してからさらに展開するとよいかもしれません。ここでは、変形1回当たりの劣化ストレスはひずみエネルギー（ひずみと応力の積）に比例すると考えています。

(D)材料を劣化させるひずみは、一般的には破断させるひずみと同じですが、同じでない場合もあるので、「繰り返しひずみ量」と表現して区別しておきます。ひずみ量は対象物の形状や変形の仕方によって変わるので、ここではこれ以上展開しません。

(E)破断は凹みに応力が集中する部分で起こることが多く、「破断部に生じる応力」を「平均的な応力」と「応力集中係数」の掛け算で決まると考えます[16]。「応力集中係数」は対象物と凹みの形状によりますが、一般的には応力が集中する部分の幅と、凹みの曲率の掛け算で決まります。

(F)弾性体に働く応力の要因は、加える力が与えられる場合と、加える変位量が与えられる場合とでは異なります。ここでは、両方の足し算で表しておきます。「力の作用で生じる応力」は単純に力を断面積で割ったものになります。「強制変位で生じる応力」を決定する「強制変位で生じる力」は、「ひずみ量」と「全体の剛性」(ひずみが単位量増えたときの力の増加分)の掛け算で決まり、「全体の剛性」は「剛性への構造の寄与」(面積の単位を持ちます)と材料の「弾性率」の掛け算で決まります。「ひずみ量」や「剛性への構造の寄与」は対象物の形状や変形の仕方に依存するため、展開はここで止めます。

4.1.3　熱問題のMDLTテンプレート

熱問題のテンプレートとして、「対象物の温度が高い」という事象のMDLTを示します。熱が多く流入すると温度が高くなる、というのは誰もが知っていることなので、「対象物の温度が高い」ことの要因としてまず「熱が多く流入する」という事象を書きたくなるところですが、少し注意が必要です。以下は、物体に蓄積される熱量Q［W］と温度T［℃］の関係を表す式です。

$$C\frac{dT}{dt}=Q \qquad (4\text{-}1)$$

t［s］は時間、C［J/℃］は熱容量です。この式からわかるように、蓄積される熱量Q［W］と物体の熱容量C［J/℃］で決まるのは温度ではなく、温度上昇の速さです。**「温度が速く上昇する」などの動的な現象と、「高い温度を保つ」という静的な現象は区別する**必要があります。

ここで対象とするシステムを**図4-5**に示します。熱容量C［J/℃］の対象物

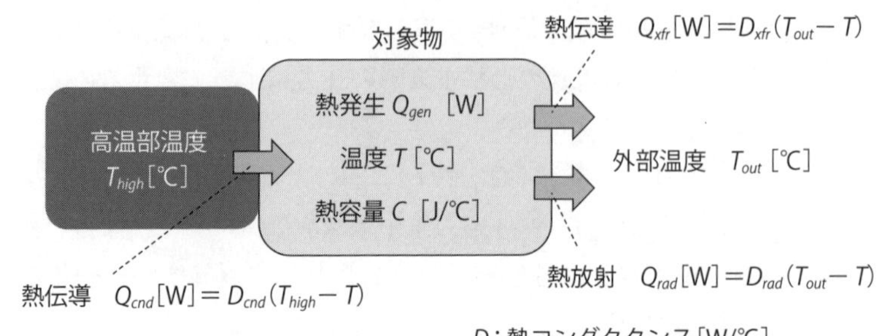

図4-5　熱問題のMDLTで対象とするシステムの概念図

の中で、Q_{gen}［W］の熱が発生しているとします。この物体には、高温度T_{high}［℃］の物体から熱伝導で熱が流入しています。また同時に、温度T_{out}［℃］の外部に熱伝達と熱放射で放熱しています。このように、熱移動の主要な形態である熱伝導、熱伝達、熱放射を網羅した例としました。それぞれに関わる変数を添字*cnd*、*xfr*、*rad*で表します。

熱の移動の形態に関わらず、熱の移動のしやすさは熱コンダクタンスD［W/℃］という量で表すことができます。これは熱抵抗の逆数で、2つの物体の温度差が1［℃］大きくなるごとに熱移動量が何［W］増えるかを表します。この熱コンダクタンスを用いて、熱伝導で流入する熱量Q_{cnd}［W］、熱伝達で放熱する熱量Q_{xfr}［W］、熱放射で放熱する熱量Q_{rad}［W］を表す式を図4-5に示しました。対象物の温度T［℃］は、外部の温度T_{out}［℃］よりも高いためQ_{xfr}とQ_{rad}は負の値になります。これが、熱が流出する方向であることを表しています。

以上を踏まえて、「温度上昇が速い」という事象のMDLTを描いたものが**図4-6**です。このMDLTの展開の考え方を解説します。

(A)「対象物の温度上昇の速さ」は、式（4-1）からわかるように、「時間当たりの熱の蓄積量」を対象物の「熱容量」で割ったものになります。「時間当たりの熱の蓄積量」の要因は、大きく「熱発生量」と「正味熱流入量」に分けることができ、「正味熱流入量」が多いという事象の要因は「熱流入量」が多いことと、「熱流出量」が少ないことです。

(B)対象物に流れ込むエネルギーは熱エネルギーだけとは限らないので、「熱

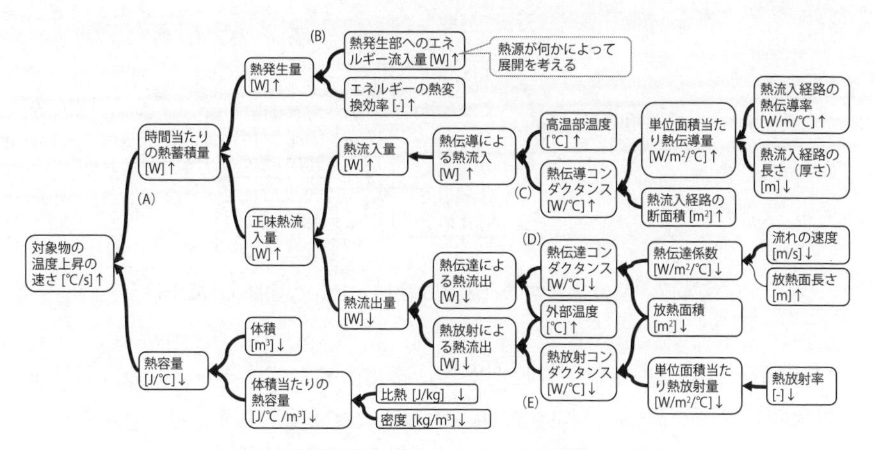

図 4-6 「温度上昇が速い」という事象の MDLT

発生量」を「熱発生部へのエネルギー流入量」と「エネルギーの熱変換効率」の掛け算で表しておきます。

(C)「熱伝導による熱流入」は、「高温部温度」と「熱伝導コンダクタンス」が高いほど大きく、「熱伝導コンダクタンス」は熱を伝える物体の熱伝導率、長さ（または厚さ）、熱を伝える断面積で決まります。

(D)外部への放熱の「熱伝達コンダクタンス」は、「熱伝達係数」と「放熱面積」の掛け算です。「熱伝達係数」は、周囲の「流れの速度」が大きいほど大きくなります。流れに沿った方向の放熱面の長さが大きいと、熱伝達係数が減少する傾向にありますが、必ずしも影響が大きくないことと、長さを短くすれば放熱面積が小さくなるため、因果関係を弱く描いてあります。流体側の熱の伝えやすさも大きく影響し、粘度が大きく、熱伝導率と比熱が小さいほど熱伝達係数が小さくなる傾向がありますが、ここでは外部は空気のみと仮定しているため要因に含めていません。

(E)「熱放射コンダクタンス」は、「単位面積当たり熱放射量」と「放熱面積」の掛け算です。「単位面積当たり熱放射量」の要因である「熱放射率」は面の色で決まる無次元量ですが、ステファンボルツマン係数との積になるので、単位は一致しません。熱放射と熱伝達による放熱が異なる面で起こる場合は、「熱放射コンダクタンス」と「熱伝達コンダクタンス」につながる「放熱面積」は別の要因として扱ってください。

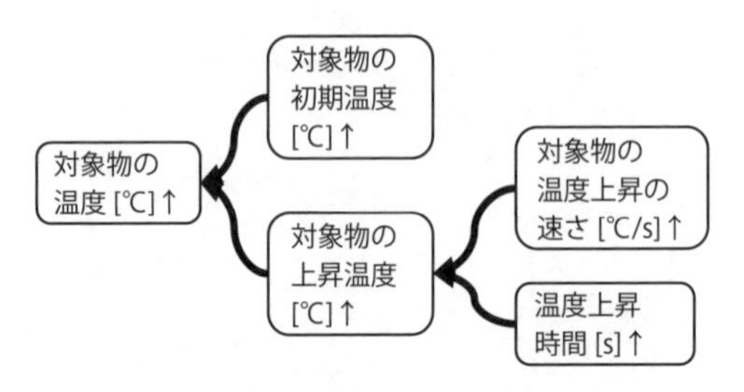

図4-7　温度上昇中に「温度が高い」という事象のMDLT

温度が上昇している最中に温度がどこまで上昇しているか、という意味で「対象物の温度が高い」というMDLTを描くとすると、図4-6の「対象物の温度上昇の速さ」を使って**図4-7**のようなMDLTを描くことになります。

温度が一定に達して定常状態のときは、もう少しメカニズムを深掘りして展開しなければなりません。定常状態であるということは、温度変化がないので、式（4-1）の左辺がゼロになります。そこに熱伝導のQ_{cnd}、熱伝達のQ_{xfr}、熱放射のQ_{rad}の式を代入して整理すると次式が得られます。

$$T = \frac{D_{cnd} T_{high} + D_{xfr} T_{out} + D_{rad}\ T_{out}}{D_{cnd} + D_{xfr} + D_{rad}} + \frac{Q_{gen}}{D_{cnd} + D_{xfr} + D_{rad}} \qquad (4\text{-}2)$$

この式は次のようなことを表しています。右辺の第1項は外部との熱の流入出による温度の変化を表していて、熱コンダクタンスの比率が高いほど、熱が流入出する相手の温度に近づくことになります。右辺の第2項は熱発生の影響を表していて、熱コンダクタンスの合計が小さいほど影響が大きくなります。これを踏まえた静的な「対象物の温度が高い」という事象のMDLTが**図4-8**です。図4-6と比べて特徴的な部分のみ説明します。

(A)式（4-2）の形に合わせて、「熱の流入出による温度上昇」と「熱発生による温度上昇」という要因に分岐してもよいのですが、開発・設計をする方は温度の上昇要因と温度を低下させる要因を分けて考えることの方が多いと考え、「温度上昇要因の寄与」と「温度低減の不足による上昇」に分岐しました。

(B)総コンダクタンス、つまり3つの熱コンダクタンスの合計が小さいほど、熱発生の影響が大きくなるということが式（4-2）からわかります。このため、それぞれの熱コンダクタンスが小さいという要因に分岐しました。

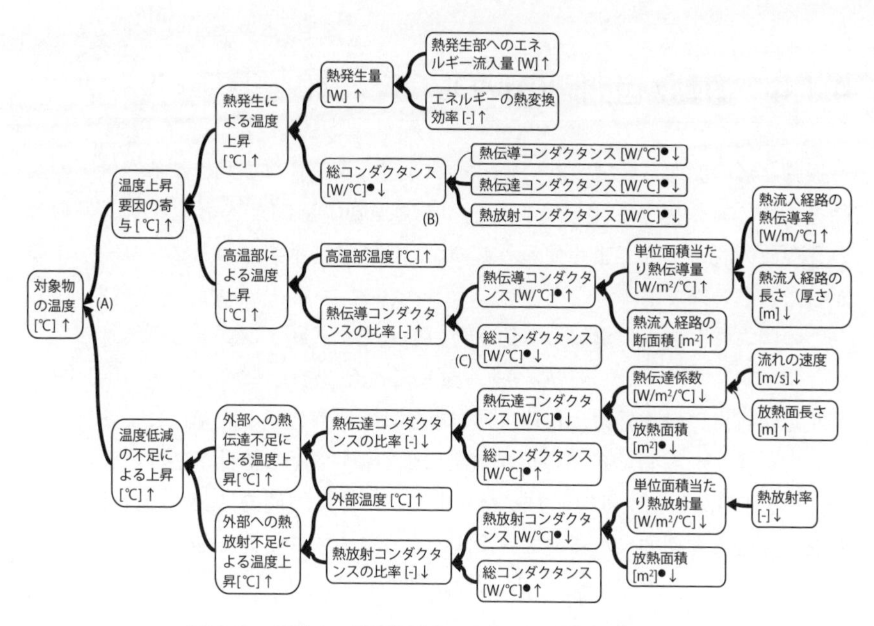

図4-8　静的な「温度が高い」という事象のMDLT

高温部からの熱流入のしやすさを示す「熱伝導コンダクタンス」は、大きい方が熱の流入が大きくなり、温度が上昇しやすいことになります。それではなぜ、ここで「熱伝導コンダクタンス」が小さいという要因が現れているのでしょうか。それは、熱発生があまりに大きく、対象物の温度が高温部の温度を上回る場合は、「熱伝導コンダクタンス」を小さくするとさらに対象物の温度が上昇するからです。こうしたことは起こらないとの前提を置くのであれば、「総コンダクタンス」の展開はしなくてもよいことになります。ここでは、弱い因果関係で接続してあります。

(C)熱伝導、熱伝達、熱放射による温度上昇の要因として、それぞれのコンダクタンスの比率が影響するので、比率の分母として「総コンダクタンス」が現れます。しかし、それぞれの熱コンダクタンスの寄与は明らかで、比率の分母を変えるためにそれぞれの熱コンダクタンスを変化させるという設計は行わないと思いますので、これらの「総コンダクタンス」は展開しないことにします。

4.1.4 振動/音問題のMDLTテンプレート

振動と音の問題も機械設計で頻出する課題です。音は振動による空気圧の変動を人間の耳が感じる現象ですから、まず振動のMDLTを考えます。振動という現象の説明としてよく使われるのが、**図4-9**に示すばねとダンパーがつながった質点の図です。

この図より、質点に働く力の釣り合いを考えた式が、次式となります。

$$F = m\dot{v} + cv + k\int v\,\mathrm{dt} \tag{4-3}$$

左辺が質点に働く外力、右辺は外力を受けて質点に生じた速度による反力を表しています。右辺の最初の項が質量による慣性力、2番目が粘性による減衰力、3番目がばねによる復元力となります。外力は周期的に変化し、その応答となる速度も周期的になるので、次式のように表すことができます。

$$v = v_0 e^{-i\omega t} \tag{4-4}$$

$$F = F_0 e^{-i\omega t} \tag{4-5}$$

式(4-3)に、式(4-4)と式(4-5)を代入してまとめると、次式を得ることができます。

$$F_0 = \left[c + j\left(\omega m - \frac{k}{\omega}\right)\right] v_0 \tag{4-6}$$

式(4-6)の右辺のカッコ[ ]でくくられた項全体が、**外力に対する応答速度の比、機械インピーダンス**と呼ばれるもので、物体に力を加えたときの「動きにくさ」を表しています。そこで、振動によって発生する「応答速度[m/s]」から、「加振力[N]」と「機械インピーダンス[N/(m/s)]」の分岐を振動のMDLTの最初の2分岐として考えることにします。この2分岐から展開を進めて作成したのが**図4-10**となります。

(A)式(4-6)の関係に合わせて「加振力」と「機械インピーダンス」に分岐させます。

(B)「加振力」の発生機構は対象物によって異なるので、テンプレートとしては展開を止めておきます。

(C)式(4-6)より「機械インピーダンス」は複素数であり、加振力の振動数によらない実部と、加振部の振動数に依存する虚部から構成されているこ

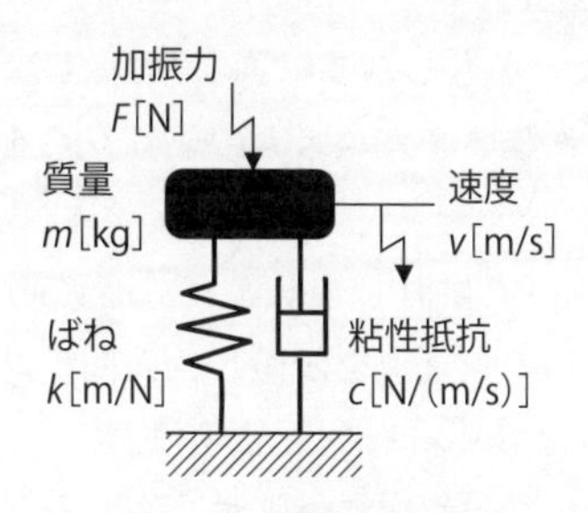

図4-9　振動のモデル

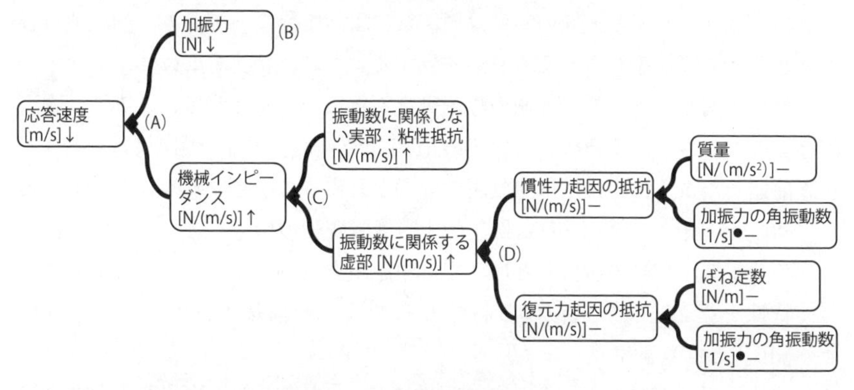

図4-10　「振動」のMDLT

とがわかります。一般的には実部を「機械抵抗」と呼び、虚部を「機械リアクタンス」と呼びます。

(D)実部は粘性抵抗として機械インピーダンスに反映されますが、式（4-6）の虚部の中をよく見ると、慣性力に起因する抵抗と復元力に起因する抵抗の2つのせめぎ合いになっていることがわかります。このせめぎ合いに、質量とばね定数と加振力の角振動数が関係しており、特に加振力の角振動数が$\sqrt{k/m}$に等しくなるとき、慣性力と復元力が互いに打ち消し合い、虚数部は0となって機械インピーダンスが粘性抵抗のみになります。これが、いわゆる「共振」と呼ばれる現象です。

「機械インピーダンス」や「共振」という単語の意味や数式は、教科書に書いてあります。しかし、「なぜ共振が起こるのか、それは加振の振動数が固有振動数と一致するから」としか説明できないとしたら、それでは**共振の本質の**

理解までには至っていないかもしれません。MDLTにすることによって、言葉や数式だけでは表しきれないメカニズムの成り立ちを表現することができます。

続いて音のMDLTについて検討しましょう。音は物体の振動や移動によって、空気圧の変動が発生して空気中を伝搬し、人間の耳に届く現象です。耳で聴く音の物理的な大きさは音圧［Pa］となります。一般的に、人間の最小可聴音圧は実効値で20［μPa］とされています。これを基準の音圧とし、測定した音圧との比をデシベル［dB］で表したものを音圧レベルと呼んでいます。

音の大きさに対する人間の感度は周波数によって異なっており、物理的な音の大きさと人間が感じるうるささが一致するように、補正をかけて求めます。この補正に関しては、騒音評価の専門書をご覧いただくとして、ここでは物理的な音の大きさである音圧についてのMDLTを検討します（**図4-11**）。

(A)前述したように、音圧は空気圧の変動が耳にまで伝搬する現象なので、最初の2分岐は「空気圧の変動」と「空気圧変動の伝搬」としました。後者の「空気圧変動の伝搬」とは、空気中を圧力変動が伝わりながら低減する特性を指します。低減する特性としては低減前後の比となり、単位は［dB］となります。

(B)「空気圧の変動」が起こる要因としては、「空気が他の物体から力を受ける」と「空気自身が変動する」の2つに分岐することができます[17]。前者は主に物体の振動によって、物体の周囲の空気を収縮させるものです。後者は、高速に噴き出す流れや、回転中のプロペラなどによって生じる渦などが当たります。

(C)空気の流れや収縮で起こる圧力変動のメカニズムについては、対象物によって異なるためテンプレートとしては展開を止めておきます。

(D)物体の振動によって生じる音圧については、音圧を評価する地点が、振動面から十分離れていると仮定すると、音圧＝固有音響抵抗×振動速度の関係にあることが知られています。このため、この関係に基づいた分岐としました。

(E)固有音響抵抗は、音が伝わる媒質である空気の密度と空気中を伝わる音速で決まります。

(F)物体の振動速度以降の分岐については、「振動」のMDLTをそのまま使う

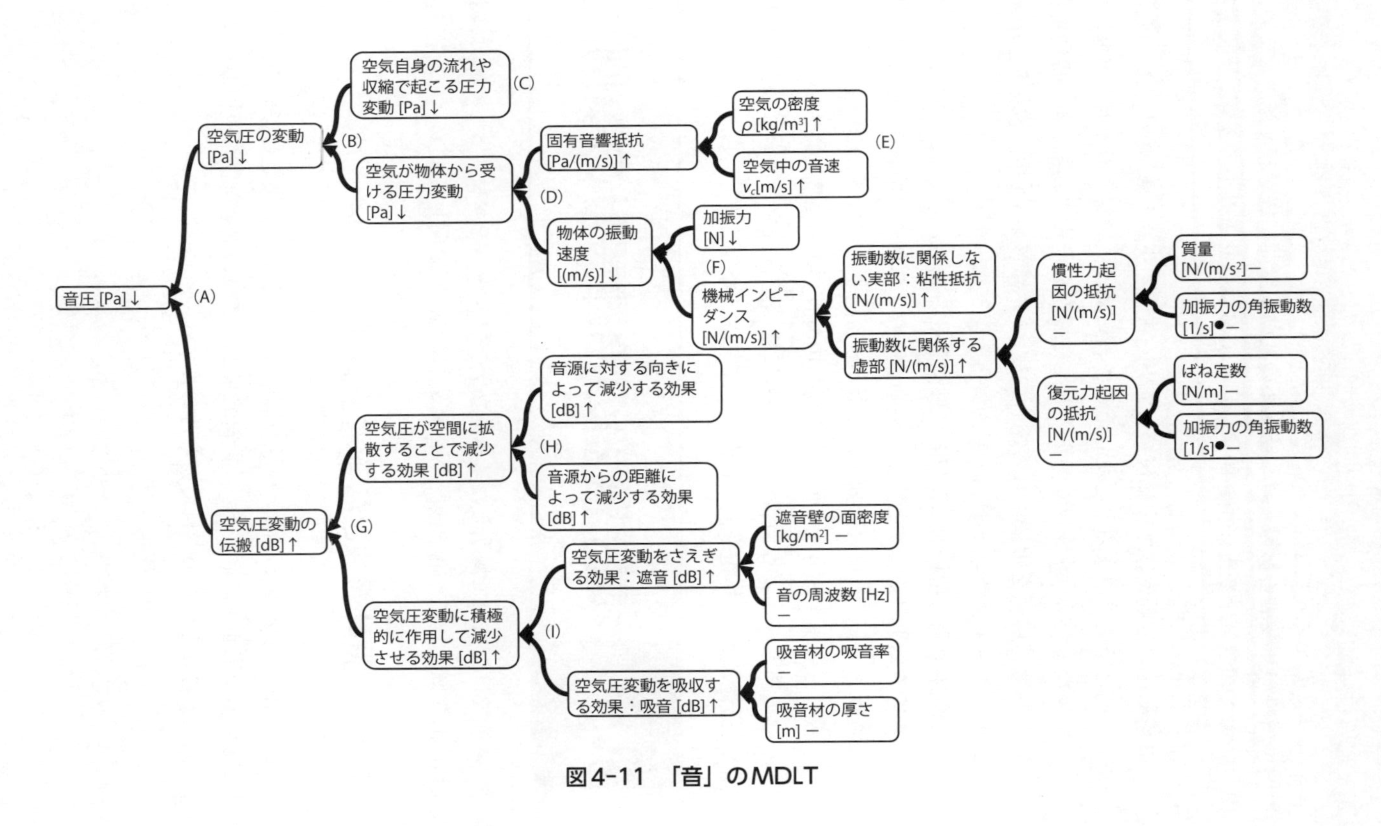

音圧 [Pa]↓
(A)
空気圧の変動 [Pa]↓
空気圧変動の伝搬 [dB]↑
(B)
空気自身の流れや収縮で起こる圧力変動 [Pa]↓
空気が物体から受ける圧力変動 [Pa]↓
(C)
(D)
固有音響抵抗 [Pa/(m/s)]↑
物体の振動速度 [(m/s)]↓
(E)
空気の密度 ρ [kg/m³]↑
空気中の音速 v_c[m/s]↑
(F)
加振力 [N]↓
機械インピーダンス [N/(m/s)]↑
振動数に関係しない実部：粘性抵抗 [N/(m/s)]↑
振動数に関係する虚部 [N/(m/s)]↑
慣性力起因の抵抗 [N/(m/s)] ―
復元力起因の抵抗 [N/(m/s)] ―
質量 [N/(m/s²]ー
加振力の角振動数 [1/s]●―
ばね定数 [N/m]ー
加振力の角振動数 [1/s]●―
(G)
空気圧が空間に拡散することで減少する効果 [dB]↑
空気圧変動に積極的に作用して減少させる効果 [dB]↑
(H)
音源に対する向きによって減少する効果 [dB]↑
音源からの距離によって減少する効果 [dB]↑
(I)
空気圧変動をさえぎる効果：遮音 [dB]↑
空気圧変動を吸収する効果：吸音 [dB]↑
遮音壁の面密度 [kg/m²] ―
音の周波数 [Hz] ―
吸音材の吸音率 ―
吸音材の厚さ [m] ―

図4-11「音」のMDLT

ことができます。

(G)「空気圧変動の伝搬」は、空気圧の変動が空間に広がって減少していく効果と、空気圧変動に積極的に作用して減少させる効果の2つに分岐すると考えました。

(H)空気圧の変動が空気中に伝搬していく状態を決める要素としては、音源の方向と距離で決まるとしました。これ以降は、対象物や周囲の環境によって異なるため、テンプレートとしては展開を止めておきます。専門書などを参考に展開を継続される場合には、「距離減衰」「指向性係数」などがキーワードになります。

(I)空気圧変動に積極的に作用して減少させる効果としては、空気圧変動をさえぎる効果（遮音）と空気圧変動を吸収する効果（吸音）の2分岐で考えられます。それぞれの効果と設計パラメーターの関係については、遮音や吸音を実現する方式、使用する材料の特性によって異なるため、展開を止めておきます。専門書などを参考に展開を継続する場合には、「質量則」「透過損失」「室定数」などがキーワードになります。

4.2 電子機器の冷却設計の事例

本節では、前節で説明した基本的なテンプレートをベースとした設計検討の具体的な例として、電子機器の冷却設計について説明します。

4.2.1 設計対象となる電子機器

図4-12に対象となる電子機器の構成を、あらかじめ決定している設計項目とその値を**表4-1**に示します。設計目標としては、発熱部品の表面温度を95℃に抑制することが求められているとします。

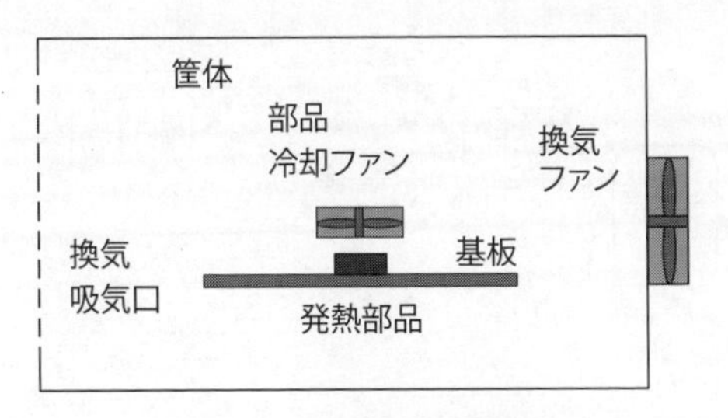

図4-12　電子機器の構成

表4-1　電子機器の設計項目と値

項目	値	項目	値
電圧［V］	24	換気口の幅［m］	0.005
電流［A］	3	換気口の高さ［m］	0.1
出力［W］	72	換気口の数	10
効率	0.7	外部温度［℃］	30
損失［W］	30.9	部品発熱量［W］	15
筐体幅［m］	0.12	発熱部品寸法［m］	0.04×0.04
筐体高さ［m］	0.1	基板長さ［m］	0.15
筐体奥行［m］	0.2	基板幅［m］	0.1

4.2.2　MDLTを使った冷却設計検討

設計課題としては、定常状態での部品の温度に関するものなので、図4-8のテンプレートで冷却設計の検討を行います。筐体内の換気を行うファンと発熱部品にファンから風を送って冷却する構成、ということを考慮して展開したMDLTを**図4-13**に示します。なお、今回の課題で想定される温度の範囲では考慮しなくてよい熱放射の分岐や、他の高温部からの熱伝導をグレーで薄くしてあります。また、「外部への熱伝達不足による温度上昇」からの分岐にあった「外部温度」は「筐体内での温度」として、換気による筐体内部の発熱量と換気風量の関係（後述する式（4-8））で分岐しています。

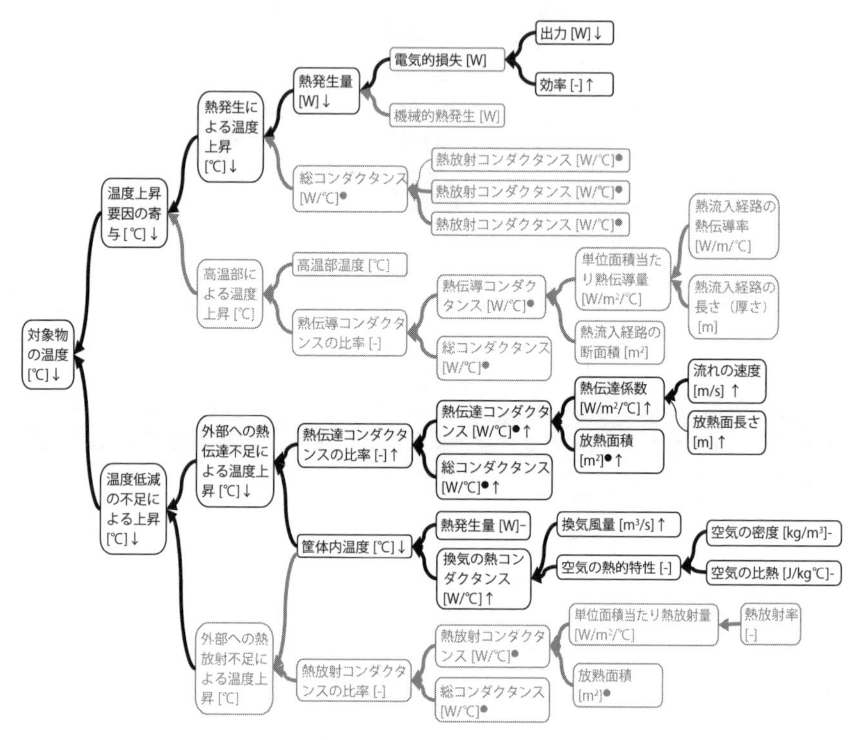

図4-13　設計での検討項目

まず発熱部品の表面温度を95℃に抑制するための、部品から筐体内空気への熱伝達の分岐を検討します。一般的に、発熱体に空気を吹き付けることによる冷却効果は次式で与えられます[18]。

$$T = \frac{Q}{S \cdot 3.86\sqrt{u/L}} + T_0 \tag{4-7}$$

T：部品の表面温度、T_0：冷却風の温度、Q：部品の発熱量、S：冷却風の接触面積、u：冷却風の速度、L：冷却風が通過する部品の長さ

この式から、仮に冷却風が外気温度と同じ30℃だと仮定して、表面温度が95℃になるための風速を逆算すると、36m/sとなり、80mm角のファンの風量に換算すると10.8m^3/minと現実的ではない数値になることがわかります。このままでは目標値を達成できないので、設計項目を見直します。図4-13で風

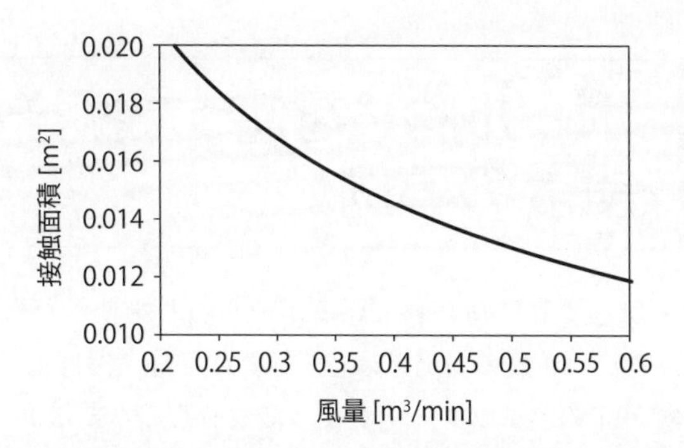

図4-14　所望の熱抵抗を得るための冷却風の風速と接触面積の関係

速以外に設定可能な項目は、冷却風が接触する伝熱面積と冷却風が通過する部品の長さの2つとなります。そこで、発熱部品にヒートシンクを追加して、熱をヒートシンクに伝導させ、冷却風と接触する面積を広げることを検討します。

いま、冷却風の温度を40℃と仮定すれば、発熱量15Wの部品の表面温度を95℃に抑制するための熱抵抗は約3.7℃/Wとなります。さらに冷却風が通過する部品長さを0.1m、使用するファンを60mm角として、熱抵抗が3.7℃/Wとなるための冷却風の接触面積と風量の関係を求めると、**図4-14**のようになります。

この関係から、必要なファンの風量と冷却風の接触面積を求めることによって、冷却ファンの風量とヒートシンクの形状を決定することができます。

次に、冷却風の温度が40℃となるための換気による放熱の分岐を検討します。換気についても、筐体内部の発熱量と換気風量の関係について、以下の式が知られています[18]。

$$T_i = \frac{60 \cdot Q_L}{\rho C V} + T_E \tag{4-8}$$

T_i：筐体内の平均温度、T_E：外気の温度、Q_L：筐体内での損失量、V：換気風量、ρ：空気の密度、C：空気の比熱

表4-1と式（4-8）から、必要となる換気風量を求めると約0.16m^3/min以上となり、最大風量として0.32m^3/min程度のファンを選択すればよいことがわかります。

4.3 ボールねじを使った搬送機構設計の事例

多くの駆動・伝達要素に使われているボールねじを使った搬送機構について、ワークの位置決め精度の向上と騒音・振動の増加、温度上昇という複数の品質問題を、MDLTのテンプレートを使って検討してみましょう。

4.3.1 ボールねじ式搬送機構

図4-15に、代表的なボールねじ式搬送機構の構成を示します。ボールねじ軸の表面には、らせん状の溝が切られていて、カップリングを介してモーターがねじ軸を回転させることにより、ナット内部にある鋼球が、らせん溝に沿って転がり接触しながらリニアガイドに案内されたテーブルを移動させるものです。ボールねじの高速化に伴う大きな問題のひとつが騒音・振動の問題です。

4.3.2 低騒音設計のMDLT

機器から発生する騒音の静粛化を、図4-11の音のMDLTテンプレートで検討してみましょう。このテンプレートをもとに検討した、ボールねじ式搬送機構での低騒音設計のMDLTが**図4-16**となります。太い線枠部分が、ボールねじ式搬送機構特有の機構やメカニズムを考慮して追加された部分となります。

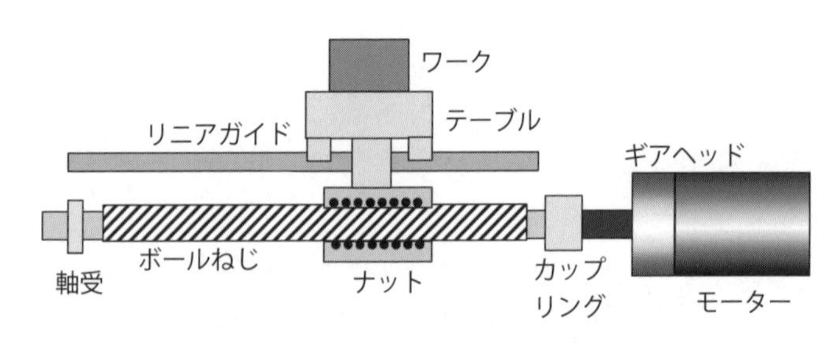

図4-15　ボールねじ式搬送機構

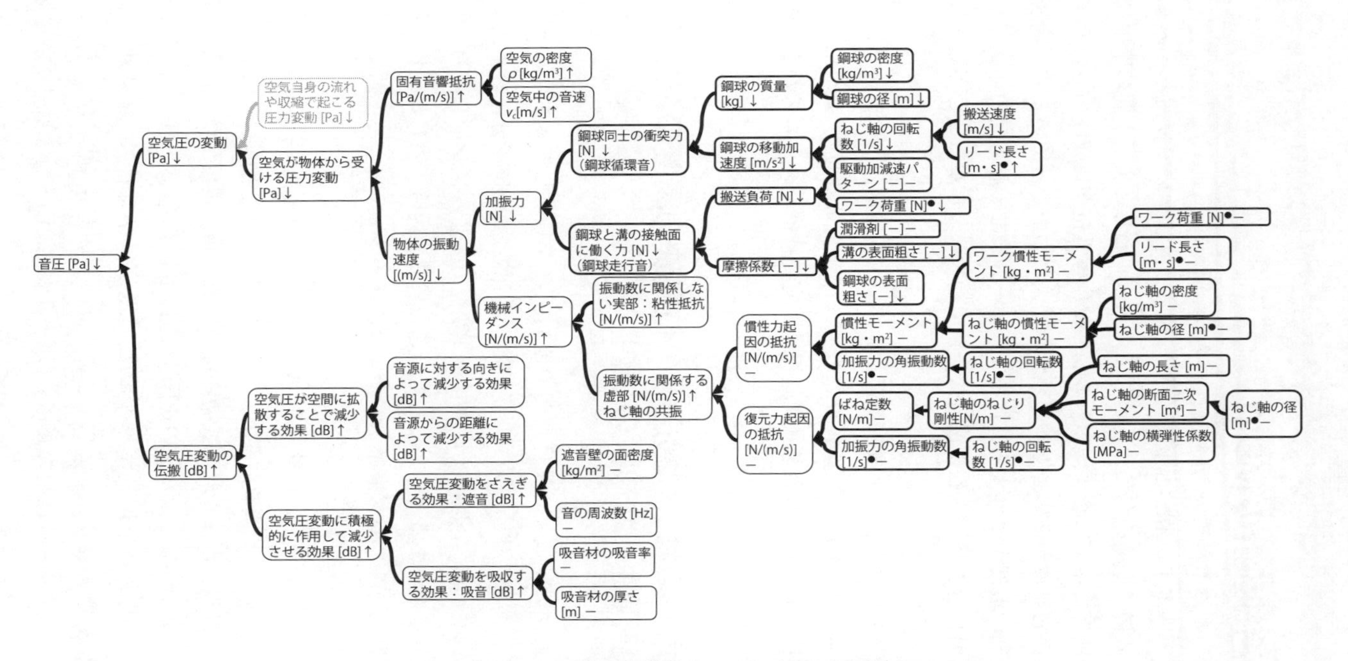

図 4-16　ボールねじ式搬送機構における低騒音設計のMDLT

4.3.3 冷却設計のMDLT

次に、ボールねじ式搬送機構の発熱・温度上昇について検討してみます。ボールねじ式搬送機構の発熱は主として、ボールねじとナット間の摩擦による発熱が支配的となっています。ボールねじは摩擦抵抗が比較的小さいですが、高速の繰り返し動作が多いことが発熱量の増大につながっています。高速化でボールねじ部の温度が上昇するに伴って、ボールねじの軸方向の伸び、予圧の変化などを引き起こし、送りの位置ズレ量の増大につながることが知られています[19]。

ボールねじの発熱と温度上昇抑制設計について、冷却設計のテンプレートをベースに作成したMDLTが**図4-17**になります。低騒音設計のMDLTと同じく、太い線枠部分がボールねじ式搬送機構特有の機構やメカニズムを考慮して追加された部分です。

4.3.4 ボールねじ式搬送機の位置決め精度のMDLTと静粛性・冷却性の検討

最後に、搬送の位置決め精度に関するMDLTを検討してみます。まず位置決め精度を、「所望位置からのズレ量」と定義して、最初の2分岐を考えます。ここでは、「駆動時に生じるズレ量」と「変形で生じるズレ量」の和で所望位置からのズレ量が決まると考えました。さらに「駆動時に生じるズレ量」は、駆動の応答遅れで生じるズレ量（スティックモーション）[20]と振動で生じるズレ量に2分岐できると考えました。

一方の「変形で生じるズレ量」については、「摩擦抵抗力による弾性変形（ロストモーション）[20]」と機械的要素以外の変形として、「熱膨張」の2分岐としました。これ以降、ボールねじ式搬送機構特有の物理現象[21]や、構成部品が出てくるところまで分岐させたものを**図4-18**に示します。

以上で、位置決め精度、ボールねじの温度（冷却性）、静粛性の3つのMDLTが作成できましたので、この3つのMDLTを統合します。3つのMDLTの中に、「ボールねじの長さ」「ボールねじのリード長さ」「搬送速度」

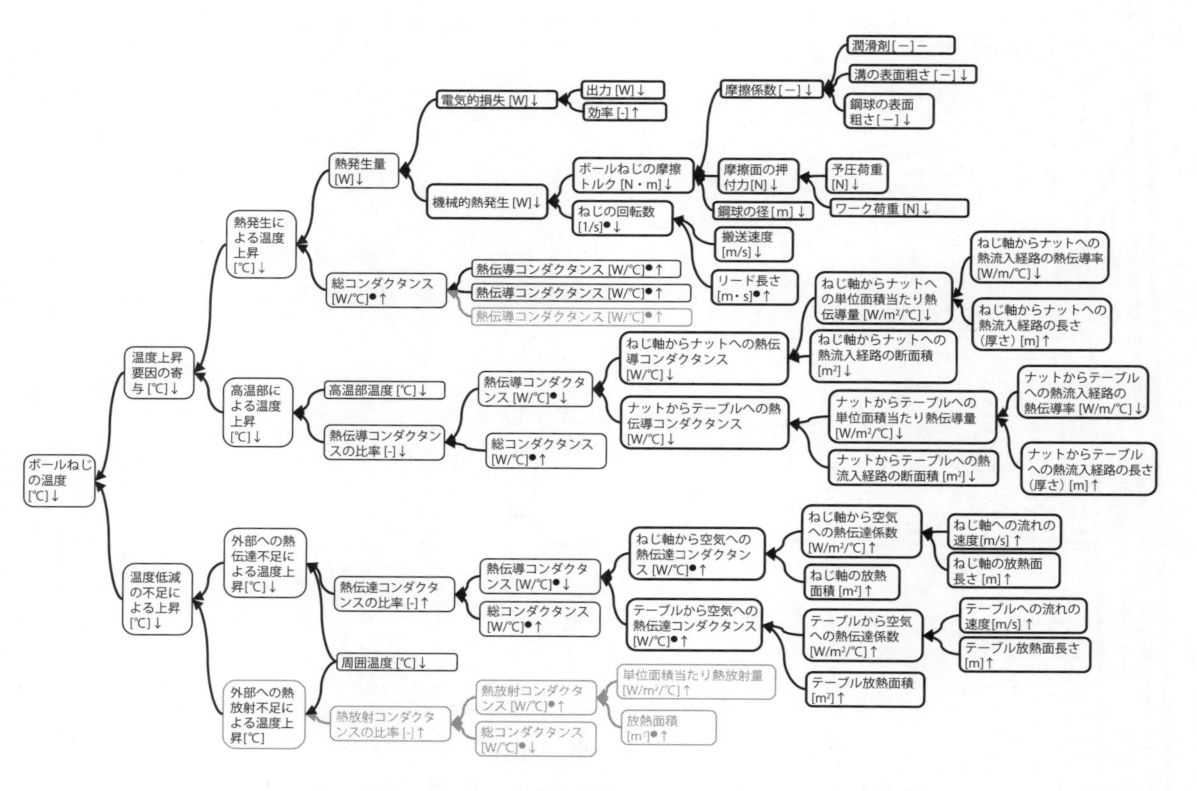

図4-17 ボールねじ式搬送機構における冷却設計のMDLT

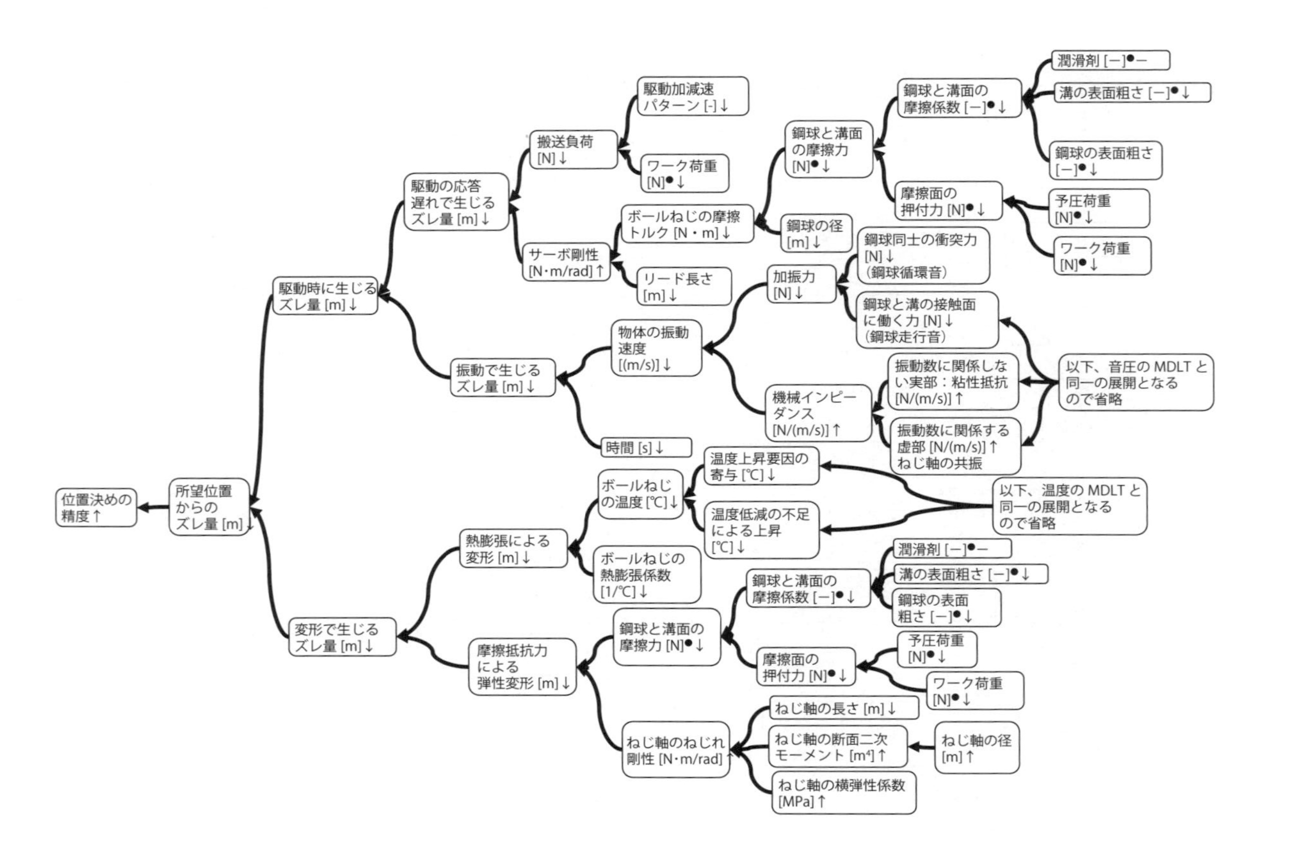

図4-18　ボールねじ式搬送機構の位置決め精度に関するMDLT

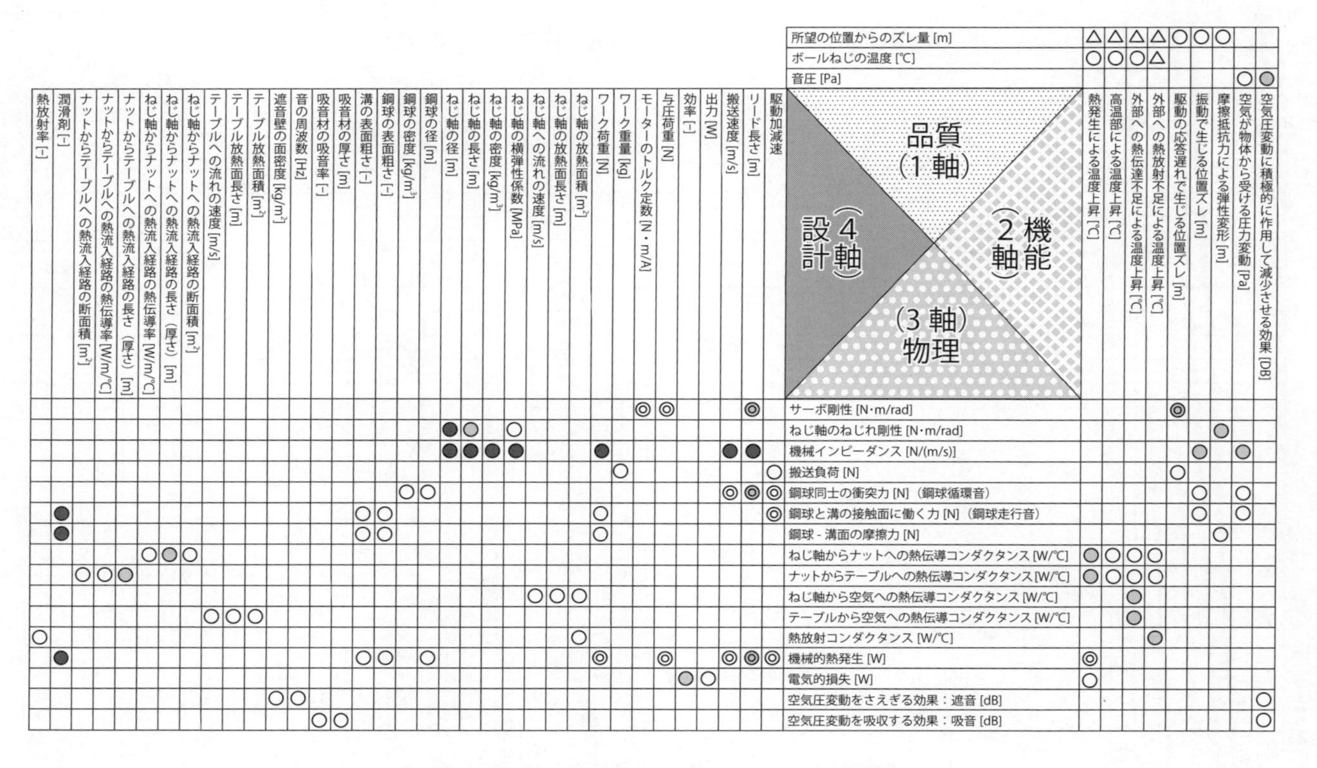

図4-19　ボールねじ式搬送機構の3品質の4軸表

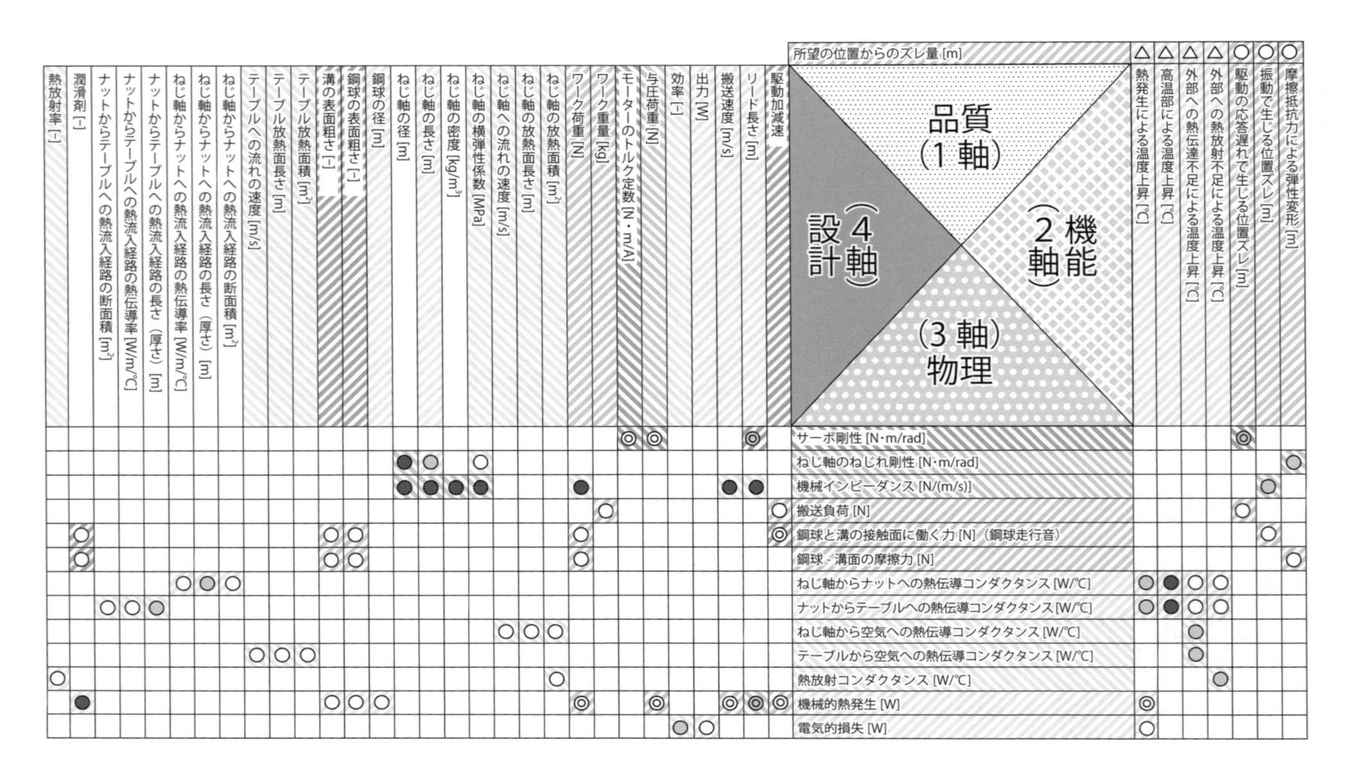

図4-20　位置決め精度に関わる要素を抜粋した4軸表

という複数回現れる要素が含まれているので、これらを同一要因とします。さらに各MDLTの要因ボックスについて「品質」「機能」「物理」「設計」の各項目を選定し、4軸表として表したものが**図4-19**になります。この4軸表を使って、3品質と各項目の関係性を見てみましょう。まず、主機能である「位置決め精度」を決定する要因のみを抜き出し、インパクト予測したものを**図4-20**に図示します。

位置決め精度を向上させる際に、減少させるべきものが右下がりパターンのハッチングの項目、増加させるべきものが右上がりパターンのハッチングの項目となります。この中から、たとえば予圧荷重を増やすことで、他の品質に対してどのような影響があるのかを調べてみます。**図4-21**は、予圧荷重に対する上位の品質への影響に関わる要因のみを抜き出したものです。

予圧荷重を増やすことによって所望位置からのズレ量が減り位置決め精度が向上するものの、ボールねじの温度は逆向き、つまり悪化することがわかるため、両者を成立させる設計のウィンドウを検討することが必要となります。

次に、搬送速度の高速化を狙って、ボールねじのリード長さを増やした場合の影響を検討してみましょう。**図4-22**は、リード長さに対する上位の品質への影響に関わる要因を抜き出したものです。

所望の位置からのズレ量 [m]
ボールねじの温度 [℃]
品質（1軸）
機能（2軸）
物理（3軸）
設計（4軸）
与圧荷重 [N]
熱発生による温度上昇 [℃]
駆動の返答遅れで生じる誤差 [m]
サーボ剛性 [N・m/rad]
機械的熱発生 [W]

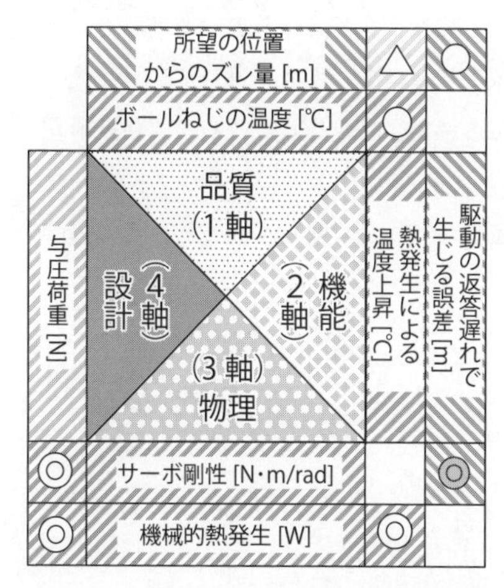

図4-21　ボールねじへの予圧荷重を変更した場合の各品質への影響

所望の位置からのズレ量 [m]
ボールねじの温度 [℃]
音圧 [Pa]
品質（1軸）
機能（2軸）
物理（3軸）
設計（4軸）
リード長さ [m]
熱発生による温度上昇 [℃]
駆動の返答遅れで生じる誤差 [m]
振動で生じる誤差 [m]
空気が物体から受ける圧力 [Pa]
サーボ剛性 [N・m/rad]
機械インピーダンス [N/(m/s)]
鋼球同士の衝突力 [N]
機械的熱発生 [W]

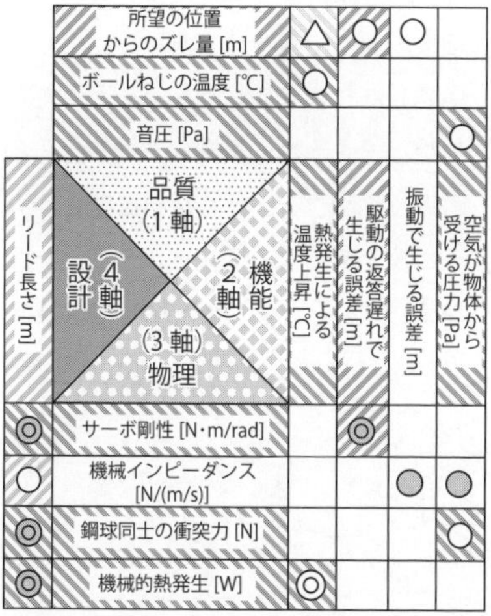

図4-22　ボールねじのリード長さを変更した場合の各品質への影響

リードの長さを増やすことで、静粛性と温度上昇抑制を兼ね備えた高速化が可能ですが、一方でサーボ剛性低下による位置決め精度の悪化への施策を検討する必要があることがわかります。具体的には、それぞれ各項目間をつなぐ丸印の根拠となる実験データやシミュレーション結果をもとに、設計のウィンドウを検討する必要があります。

COLUMN

設計という行為から得る喜び

業務の効率化は、いつの世でも求められることです。ドラフターから3次元CADへ、設計図面の紙管理からPDM（Product Data Management）へと道具は飛躍的な進化を続けています。

これらの道具によって効率化が進んでいる一方で、道具を使う人間側、技術者のスキルはかえって低下してはいないでしょうか？　自分が設計した図面の根拠を説明できない、先輩たちの設計図面を切り貼りして、絵的に矛盾がないだけの“お絵描き設計”になるなど道具が便利になっているのに、設計対象の機構原理を理解する力は低下しているのが現実の姿ではないでしょうか。

自分の設計が本当に正しいのか、その妥当性や根拠を追求するのは、まさに暗中模索。何かにすがって思考停止できればどんなに楽になれるか、という誘惑との戦いでもあります。しかし、そうした苦労の果てに、自分が考えた通りにモノが機能したとき、まさに世界の法則を自分の手中に収めたような感覚。これこそが技術者の喜びに尽きる、と私たちは考えています。

本書で紹介する手法によって、一人でも多くの技術者が正しく苦労し、この喜びを感じてもらえることを願っています。

第 5 章

現場課題解決のテンプレート：生産編

知りて知らずとするは上なり。知らずして知るとするは病なり[i]。

老子[ii,22]第七十一章より

機械加工を行っている会社、部品を仕入れている企業では、形状不良や破損などの品質問題が完全になくなることはないかもしれません。しかし、これらの品質不良の物理的なメカニズムが把握・理解されていないために再発防止ができていない場合もあるのではないでしょうか。本章では、生産現場で起こっている問題を解決するためのMDLT（メカニズム展開ロジックツリー）のテンプレートとするべく、射出成形と切削の課題を取り上げ、それぞれのMDLTについて説明します。

i　現代文では、「自分がよく理解していてもまだよく解っていないと考えるのが最善であり、よく解っていないことを解ったつもりになってしまうのが人間の欠点である」となります。このあと、「そもそも自分の欠点を欠点として自覚するから、それを改善することもできる」と続きます。

ii　中国春秋時代の思想家「老子」が書いたと伝えられる書で、「道徳経」とも言われています。

5.1 樹脂射出成形

5.1.1 樹脂射出成形の構成と課題

まず、改めて樹脂射出成形の説明をします。樹脂射出成形はプラスチック成形品の代表的な製造方法で、成形速度が速く、さまざまな種類の樹脂で、さまざまな形状の製品を製造することが可能です。**図5-1**に樹脂射出成形金型の概念図を示します。

射出成形にもいろいろな種類があり、それぞれに工夫が施されていますが、ここに掲載したものは最小限の構成です。一般に射出成形は、2つの金型を合わせ面で押し付け合ったときにできるキャビティに対して、高温に溶かした樹脂を流し込むことで成形をします。樹脂の入り口となるゲート、空気の出口となるエアベントの2つの孔が設けられています。

図5-2に樹脂射出成形の工程の概要を示します。(a)まず、高温に溶かした樹脂に圧力をかけて、ゲートからキャビティに樹脂を流し込みます。このときに、内部の空気はエアベントを通じて外に排出されます。(b)内部を樹脂で充填

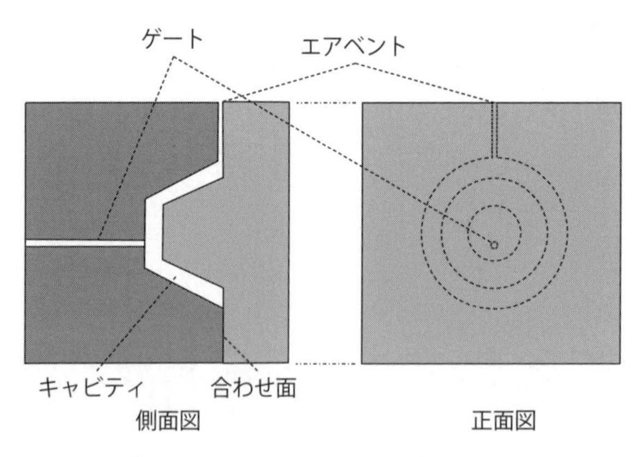

図5-1　樹脂射出成形金型の概念図

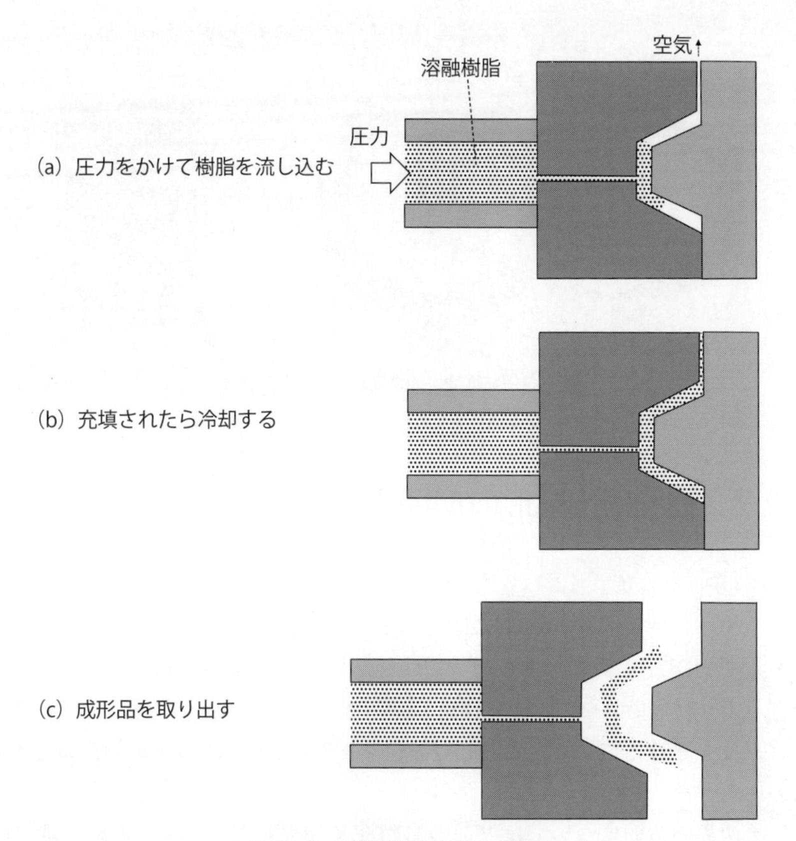

図5-2　樹脂射出成形の工程

した後に、冷却して樹脂が硬化するのを待ちます。(c)樹脂が硬化したら金型を開き、成形品を取り出します。

このときに、流入する樹脂の量が不足すると、成形品の一部が欠けた「ショートショット」という品質問題が発生します。また、樹脂に過度に圧力をかけると、金型同士の合わせ面に樹脂が入り、「バリ」ができます。さらに、樹脂が固まるときに収縮する性質を持つために、表面が凹んでしまう品質問題を「ヒケ」と言います。それぞれの品質問題のイメージを**図5-3**に示します。この射出成形の基本構成を前提に、ここで示した3つの品質問題についてのMDLTを考えます。

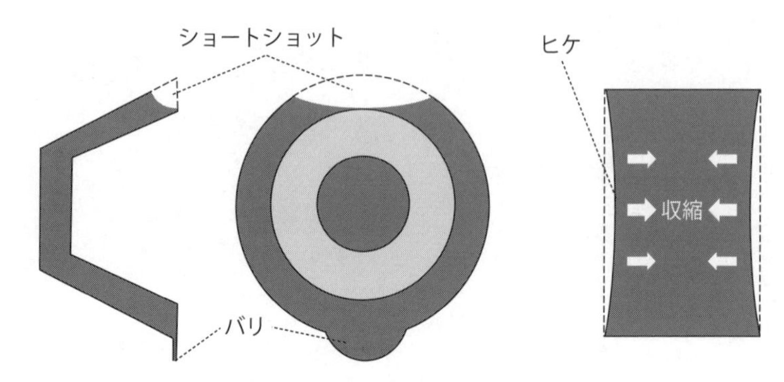

図5-3　樹脂射出成形金型の品質問題

5.1.2　樹脂射出成形のMDLT

MB-QFD（メカニズムベースQFD）の生産現場の課題対応に向けたテンプレートとするべく、射出成形に関する公知の技術情報[i,ii]を参考にしながら、チームでMDLTを作成しました。ここで説明する樹脂射出成形のMDLTは、できる限り物理単位をそろえて作成してあります。その点も参考にしてください。単位をそろえているところには単位を記してあります。4軸の設定と4軸表の作成も行いました。

因果関係の強弱については、このMDLTを作成したチームの主観で重要度を判定しています。前章と同様にMDLTの要因の最後に「●」がついているのは、3つのMDLTの中に同一要因があることを示しています。以下に、それぞれのMDLTの作成と、読み解き方のポイントを説明していきます。カッコ書きのアルファベット記号は説明の記号と対応しています。

(1) ショートショットのMDLT

図5-4は、「ショートショット」が発生するという品質問題のMDLTです。

(A)「品質が悪い」ことを示したMDLTなので、品質名に「↓」を付してあります。残り2つのMDLTも同様です。

i　「プラスチック加工の基礎知識(2)〜射出成形の種類、原理、特徴について」https://minsaku.com/category01/post217/

ii　「成形現場における問題点と改善方法一覧」https://www.plamo-k.com/improvement/

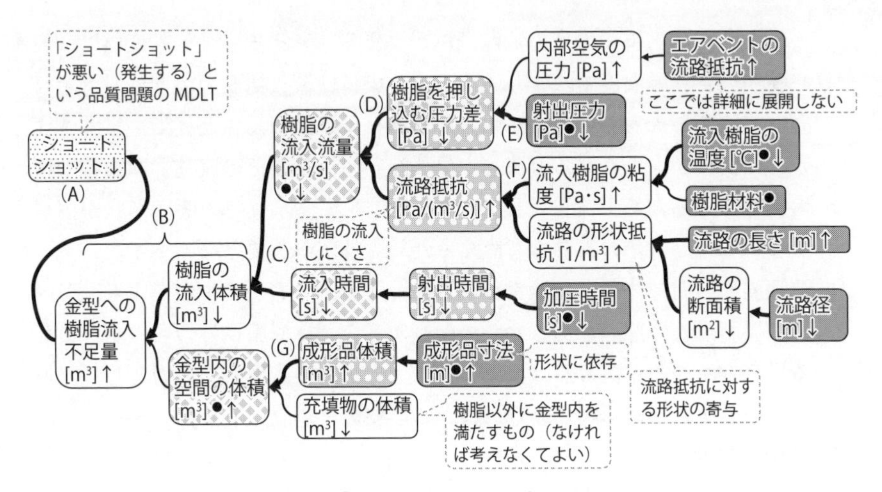

図5-4　「ショートショット」のMDLT

(B)「ショートショット」を物理事象にすると、「樹脂の流入量が足りない」などと記述する人もいると思いますが、「空間の体積に対して流入体積がどれくらい足りないか」と考えた方がより正確な記述となります。

(C)流入体積は、流量（単位時間当たりの流入体積）と時間の積で決まります。ここでの「流入時間」を決めるのは「加圧時間」です。ここでは、あらかじめ設定された時間だけ一定の圧力がかかると考えています。

(D)樹脂の流量は、流れを駆動する圧力差を、流路抵抗で割ったものです。ここで流路抵抗は、流量を1［m³/s］上げるのに圧力差を何［Pa］上げなければならないかを意味しています[i]。

(E)射出圧力が高くてもエアベントが十分に開いていないと、内部の空気の圧力も上昇するので、金型の内部との圧力差は得られません。エアベントの流路抵抗は流路の断面積や長さで決まりますが、ここではまとめて「エアベントの流路抵抗」を第4軸の設計項目としています。

(F)ゲートの流路抵抗は、材料としての樹脂の流れやすさを表す粘度と、管の形状で決まります。ここでは形状で決まる部分を「形状抵抗」と呼び、「粘

i　ここで、流量が「圧力勾配（圧力差を流路長さで割ったもの）」と「流路抵抗」の積で決まるという考え方もできます。この場合「流路抵抗」の定義は「流量当たりの圧力勾配」となり、そのように展開しても最後には同じ4軸項目が出てきます。

度」と「形状抵抗」の積で流路抵抗が決まると考えました。粘度は、一般に樹脂の材料と温度で決まります。ここでは、流入樹脂の温度は設計項目として決められるものとします。形状抵抗は流路の長さと径で決まりますが、断面積が大きくなると流速が早くなり、流量はその流速と断面積の積の関係にあるため、流量は径の4乗に比例します。流路の断面形状が円形でない場合は、その影響を考慮するための補正が必要となります。

(G)金型内の空間の体積は、通常は成形品の体積そのものですが、成形品の内部に樹脂以外の部品をあらかじめ配置するなど、樹脂以外のものが含まれる場合もあり、見落としのないように「充填物の体積」を要因として記述しています。特に影響がなければ、この要因は無視してかまいません。

(2) バリのMDLT

図5-5が品質問題「バリ」のMDLTです。

(A)隙間に樹脂が流入するとバリができますが、隙間への流入が微小ならば大きな問題にはならないかもしれません。このことから、「バリ」が悪いという品質は、「隙間への樹脂の進入距離」という量で表せる事象であるととらえました。

(B)事象を距離で定義すれば、要因は速度と時間であることがすぐにわかります。

(C)ショートショットで説明したゲートの流路抵抗と同様に、隙間の流路抵抗（ここでは「流速を1［m/s］増やすために、圧力を何［Pa］上げなければならないか」）を定義して、流速を金型内の圧力と流路抵抗の積で決まると考えます。

(D)バリの元となる金型内部の圧力は、樹脂を押し込む射出圧力でほぼ決まりそうです。樹脂がゲートを流れるときの圧力降下も考えて展開しましたが、バリができるときはゲート内の流速はゼロに近くなっていると思われ、圧力降下はほとんどないと考えて因果関係を弱くしました。

(E)上記の(C)で定義した隙間の流路抵抗の要因を分岐する考え方は、ゲートの流路抵抗と似ています。ただし、この場合は合わせ面の隙間がどう決まるかがキーになります。

(F)合わせ面の隙間は、合わせ面が平滑でないことで生じる「加圧前の隙間」と、加圧により合わせ面が開く「加圧による隙間増加」の足し算で決まる

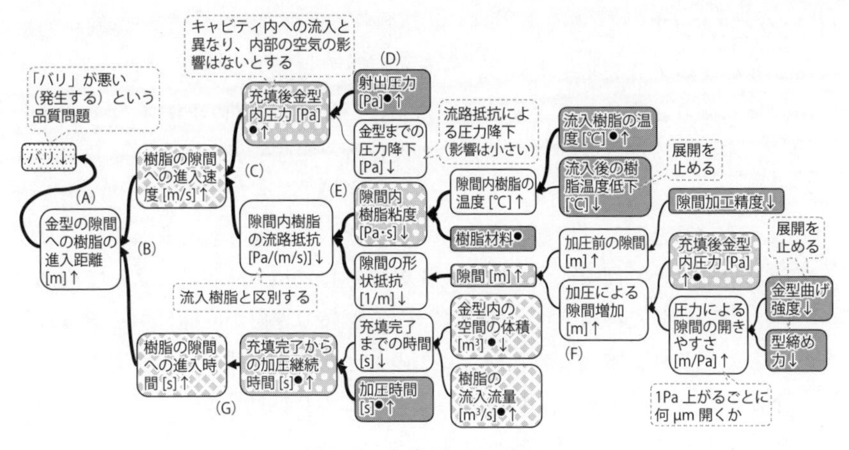

図5-5　「バリ」のMDLT

と考えました。隙間の増加は、「充填後金型内圧力」と「隙間の開きやすさ」（圧力が1［Pa］上がるごとに、隙間がどれだけ開くか）で表しています。この「隙間の開きやすさ」は、金型が曲がって開く影響とねじ止めなど締結している部分が開く影響に大別でき、それぞれにメカニズムを展開することができますが、ここでは「金型の曲げ強度」と「型締め力」と簡略化して、これらを第4軸として展開を止めます。

(G)合わせ面への樹脂の進入は、樹脂の充填後も継続的に加圧することで起こります。このため、「樹脂の隙間進入時間」は加圧時間から充填に要する時間を引いたものになると考えました。充填に要する時間は、「ショートショット」のMDLTの第2軸の項目でもある「金型内の空間の体積」と「樹脂の流入流量」で決まります。したがって、展開で第2軸の項目（樹脂の隙間進入時間）と第3軸の項目（充填完了からの加圧継続時間）が出てきた後で、他のMDLTでは第2軸として表現した項目（「金型内の空間の体積」と「樹脂の流入流量」）が出てきます。これは少し気持ち悪いのですが、きちんと因果関係をたどって4軸表を作成できれば（またはQFDシートを使って作成していれば）問題はありません。4軸表の上では、「金型内の空間の体積」と「樹脂の流入流量」を決める4軸の項目が第3軸の「充填完了からの加圧継続時間」に影響を与えることがわかります。

⑶ ヒケのMDLT

図5-6が「ヒケ」が発生するという品質問題のMDLTです。

⒜可能な限り定量化して事象を表すために、ヒケは表面の凹み量であるとして、本来あるべき表面の位置からの変位量を距離で表して品質事象としました。

⒝ヒケもバリと同じ「距離」が大きくなるという事象で表しました。バリが流れの速度と時間で決まると考えたのに対し、ヒケは収縮によって内部の圧力が下がるために、冷えて固まった成形品の表面が内側に引っ張られることで起こります。このため、ヒケの大きさは「内部の圧力がどのくらい下がるか」と「中の圧力低下に対して、どの程度凹むか」の2つの要因で決まると考えられます。

⒞内部の圧力低下は樹脂の収縮により起こりますが、一度立ち止まり、それ以外の要因がないかを考えました。「圧力を低下させる要因は他にないか」「圧力を上昇させる要因があって、それとの差分で決まっているということはないか」などを検討しました。「射出圧力が高いと、収縮した後の圧力も上がるのではないか」という意見が出て調べたところ、収縮時に継続的に射出圧力をかけることにより、収縮を軽減する方法があることがわかりました。そこで、圧力の低下は「収縮による圧力低下が大きい」と「冷却中の圧力付与が足りない」という2つの要因で決まるとしました。ただし、「冷却中の圧力付与」の寄与は支配的ではないため、因果関係の強さは弱めにしてあります。

⒟「収縮による圧力低下が大きい」という事象は、「樹脂の体積収縮率（1℃冷えると何％収縮するか）」で決まるのではないかと当初考えていましたが、単位が一致しないことが気になりました。圧力低下は［Pa］ですが、体積収縮率は比率なので単位はありません。そして、圧力低下は体積収縮率と材料の体積弾性率（単位は［Pa］）の積で決まることに気がつきました。固体の体積弾性率は材料で決まりますが、「体積弾性率を下げられないか」と考えて、材料を微細な孔が多数ある発泡構造にして体積弾性率を下げるというアイデアを考え、要因として記載しました。ただし、発泡構造にすると強度が下がる可能性があり、その点は別途検討が必要です。

⒠冷却が始まって樹脂が固化した時点で、樹脂の出入りがなくなり、収縮の

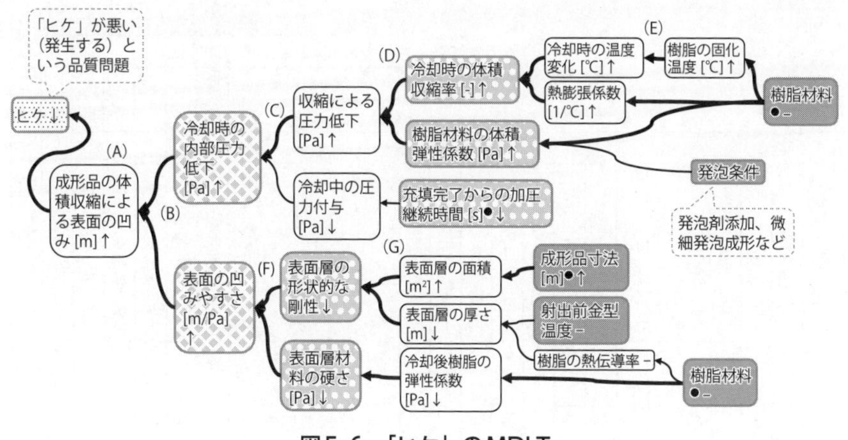

図5-6　「ヒケ」のMDLT

影響が出始めるはずです。そこで、体積収縮率を決める温度変化は、樹脂の固化温度と冷却後の温度の差であると考えました。

(F)表面の凹みやすさは「内部の圧力が1［Pa］下がったら、表面が何［m］凹むか」と定義できます。これも、材料の硬さと構造的な凹みやすさで決まります。

(G)ヒケは表面が最初に固まり、後から内部が固まるときに収縮することで発生します。このことから、最初に固まった表面近くの部分の面積が広く、厚さが薄いと凹みやすくなります。面積は成形品の寸法で決まりますが、厚さは樹脂が流入する時点の金型温度と、樹脂の熱伝導率（熱の伝わりやすさ）で決まりそうです。この点はもう少し検討が必要と判断して、要因のみを記入して増減（↑↓）情報を記載していません。因果関係も弱めにしました。

5.1.3　樹脂射出成形の4軸表による課題対応

前項で紹介した3つのMDLTを、ひとつの4軸表に統合したのが**図5-7**です。軸の項目の表現は、4軸表に適した表現になるように一部修正し、分類階層を使った表現にしてあります。

この4軸表を使って、ショートショット改善のための施策を検討したいとし

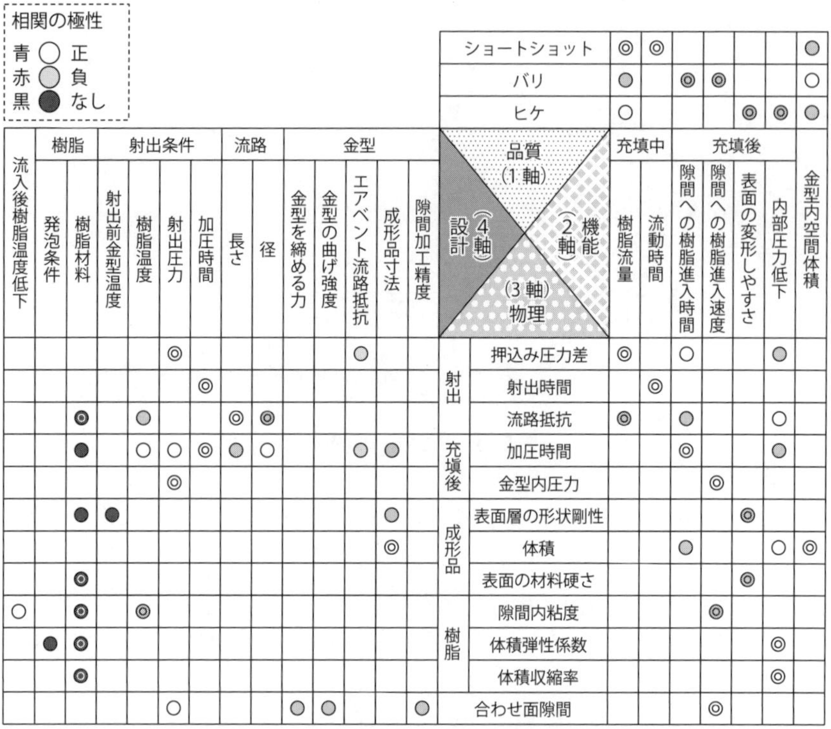

相関の極性

青 ○ 正
赤 ○ 負
黒 ● なし

品質（1軸）	充填中：樹脂流量	充填中：流動時間	充填後：隙間への樹脂進入時間	充填後：隙間への樹脂進入速度	充填後：表面の変形しやすさ	充填後：内部圧力低下	金型内空間体積
ショートショット	青◎	青◎					赤○
バリ	赤○		黒◎	黒◎			青○
ヒケ	青○				黒◎	黒◎	赤○

物理（3軸）		樹脂：流入後樹脂温度低下	樹脂：発泡条件	樹脂：樹脂材料	射出条件：射出前金型温度	射出条件：樹脂温度	射出条件：射出圧力	射出条件：加圧時間	流路：長さ	流路：径	金型：金型を締める力	金型：金型の曲げ強度	金型：エアベント流路抵抗	金型：成形品寸法	金型：隙間加工精度
射出	押込み圧力差						青◎						赤○		
射出	射出時間							青◎							
射出	流路抵抗			黒◎		赤○			青◎	赤◎					
充填後	加圧時間			黒●		青○	青○	青◎	赤○	青○			赤○	赤○	
充填後	金型内圧力						青◎								
成形品	表面層の形状剛性			黒●	黒●									赤○	
成形品	体積													青◎	
成形品	表面の材料硬さ			黒◎											
樹脂	隙間内粘度	青○		黒◎		赤◎									
樹脂	体積弾性係数		黒●	黒◎											
樹脂	体積収縮率			黒◎											
	合わせ面隙間						青○				赤○	赤○			赤○

物理（3軸）		充填中：樹脂流量	充填中：流動時間	充填後：隙間への樹脂進入時間	充填後：隙間への樹脂進入速度	充填後：表面の変形しやすさ	充填後：内部圧力低下	金型内空間体積
射出	押込み圧力差	青◎		青○			赤○	
射出	射出時間		青◎					
射出	流路抵抗	赤◎		赤○			青○	
充填後	加圧時間			青◎			赤○	
充填後	金型内圧力				青◎			
成形品	表面層の形状剛性					赤◎		
成形品	体積			赤○			青○	青◎
成形品	表面の材料硬さ					赤◎		
樹脂	隙間内粘度				赤◎			
樹脂	体積弾性係数						青◎	
樹脂	体積収縮率						青◎	
	合わせ面隙間				青◎			

品質（1軸）　機能（2軸）　物理（3軸）　設計（4軸）

図5-7　樹脂射出成形3課題の4軸表

ます。**図5-8**に第1軸の「ショートショット」を起点として、インパクト予測を行った結果を示します。ここでは因果関係の極性を考慮した表示をしていて、改善の方向性が明確な項目だけに色がついています。この結果から、「射出圧力」「加圧時間」、流路の「径」などを増加させ、流路の「長さ」を減らすことが「ショートショット」を改善するのに特に効果的であることがわかります。

では設備の都合上、もっとも変更が容易な「射出圧力」を増やす対策を取ったときに、何が起こるのでしょうか。このことを調べるために、第4軸の「射出圧力」に対してインパクト予測を行った結果が**図5-9**です。この結果から、「射出圧力」を高くすると「ショートショット」と「ヒケ」は改善しますが、「バリ」が悪化することがわかります。

相関の極性　青○正　赤●負　黒●なし

変化の方向　青（増加）　赤（減少）

区分	項目	流入後樹脂温度低下	樹脂：発泡条件	樹脂：樹脂材料	射出条件：射出前金型温度	射出条件：樹脂温度	射出条件：射出圧力	射出条件：加圧時間	流路：長さ	流路：径	金型：金型を締める力	金型：金型の曲げ強度	金型：エアベント流路抵抗	金型：成形品寸法	金型：隙間加工精度	充填中：樹脂流量	充填中：流動時間	充填後：隙間への樹脂進入時間	充填後：隙間への樹脂進入速度	充填後：表面の変形しやすさ	充填後：内部圧力低下	金型内空間体積
品質（1軸）	ショートショット															◎	◎					赤●
品質（1軸）	バリ															赤●		赤◎	赤◎			○
品質（1軸）	ヒケ															○				赤◎	赤◎	赤●
射出	押込み圧力差						◎						赤●			◎		○			赤●	
射出	射出時間							◎									◎					
射出	流路抵抗			黒◎		赤●			◎	黒◎						赤◎		赤●			○	
充填後	加圧時間			黒●		○	○	◎	赤●	○			赤●	赤●				◎			赤●	
充填後	金型内圧力						◎												◎			
成形品	表面層の形状剛性			黒●	黒●									赤●						赤◎		
成形品	体積													◎				赤●			○	◎
成形品	表面の材料硬さ			黒◎																赤◎		
樹脂	隙間内粘度	○		黒◎		赤◎													赤◎			
樹脂	体積弾性係数		黒●	黒◎																	◎	
樹脂	体積収縮率			黒◎																	◎	
	合わせ面隙間						○				赤●	赤●			赤●				◎			

品質（1軸）　機能（2軸）　物理（3軸）　設計（4軸）

図5-8　ショートショットに対するインパクト予測

効果が高いと考えられる項目は、どれも3つの問題すべてに対して影響が出る可能性があります。このため第4軸の設計項目の中で、「ショートショット」のMDLTにだけ現れる項目を探したところ、「エアベント流路抵抗」がありました。これなら「ショートショット」のみ改善し、他の品質には影響が出ないはずと考えて、「エアベント流路抵抗」に対してインパクト予測を行った結果が**図5-10**です。意外なことに、「エアベント流路抵抗」が小さくなると、「バリ」が悪化するという結果が出ています。「ショートショット」のMDLTの途中にある要因が他のMDLTにも現れているために、このような意外な因果関係が生じます。

第2軸と第3軸の項目を見れば、なぜなのかわかります。「エアベント流路抵抗」が小さくなると、第2軸の「隙間への樹脂流入時間」が大きくなります。

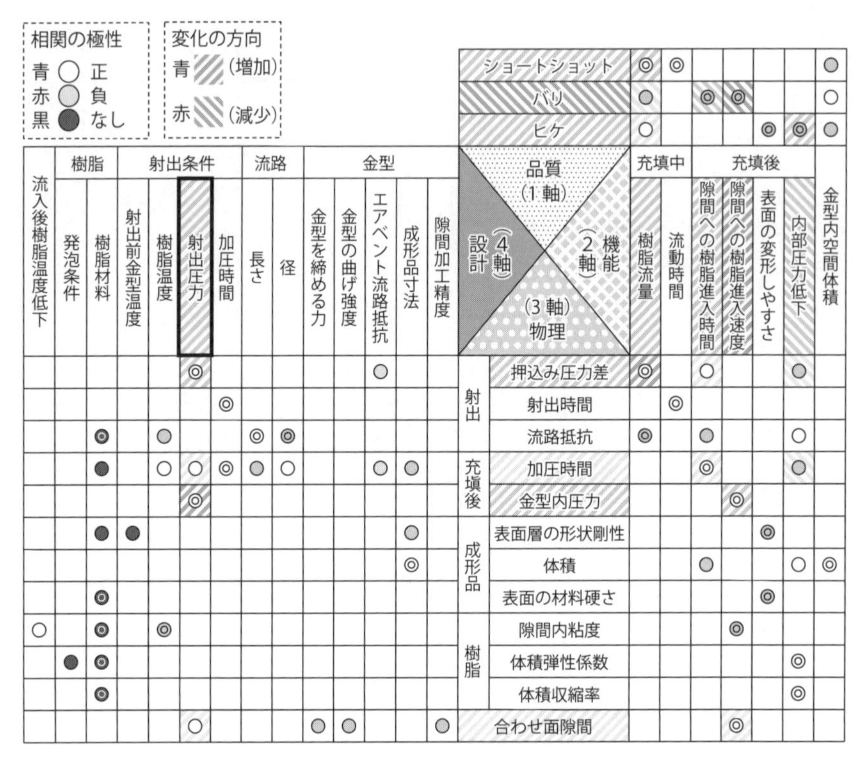

図5-9　射出圧力に対するインパクト予測

つまり、空気が速く抜けると樹脂の充填が早く終わるため、金型の合わせ面に樹脂が入り込む時間が長くなるというわけです。これに対処するためには、加圧時間を短くするなどの対策を打たなければなりません。

4軸表を使用することで、適切な設計項目を自動的に決定できるわけではないことには注意が必要です。これは、FMEAをやると懸念点が自動的に絞り込まれるわけではないのと同じです。しかし、4軸表があればここで説明したように、**要因間の因果関係を俯瞰しながら二次障害の可能性を確認する**ことができます。実際に影響が出るかどうかを評価するときに必要になる情報は、TDAS（技術ドキュメントアーカイバー）などのリポジトリに格納して、軸項目や因果関係記号にリンクしておけば、素早く適切な情報にアクセスできます。

品質（1軸）	充填中：樹脂流量	充填中：流動時間	充填後：隙間への樹脂進入時間	充填後：隙間への樹脂進入速度	充填後：表面の変形しやすさ	充填後：内部圧力低下	金型内空間体積
ショートショット	◎	◎					○(負)
バリ	○(負)		◎(負)	◎(負)			○
ヒケ	○				◎(負)	◎(負)	○(負)

物理（3軸）		流入後樹脂温度低下	樹脂：発泡条件	樹脂：樹脂材料	射出条件：射出前金型温度	射出条件：樹脂温度	射出条件：射出圧力	射出条件：加圧時間	流路：長さ	流路：径	金型：金型を締める力	金型：金型の曲げ強度	金型：エアベント流路抵抗	金型：成形品寸法	金型：隙間加工精度	充填中：樹脂流量	充填中：流動時間	充填後：隙間への樹脂進入時間	充填後：隙間への樹脂進入速度	充填後：表面の変形しやすさ	充填後：内部圧力低下	金型内空間体積
射出	押込み圧力差						◎						○(負)			◎		○			○(負)	
射出	射出時間							◎									◎					
射出	流路抵抗			◎(なし)		○(負)			◎	◎(負)						◎(負)		○(負)			○	
充填後	加圧時間			●		○	○	◎	○(負)	○			○(負)	○(負)				◎			○(負)	
充填後	金型内圧力						◎												◎			
成形品	表面層の形状剛性			●	●									○(負)						◎(負)		
成形品	体積													◎				○(負)			○	◎
成形品	表面の材料硬さ			◎(なし)																◎(負)		
樹脂	隙間内粘度	○		◎(なし)		◎(負)													◎(負)			
樹脂	体積弾性係数		●	◎(なし)																	◎	
樹脂	体積収縮率			◎(なし)																	◎	
	合わせ面隙間						○				○(負)	○(負)			○(負)				◎			

図5-10　エアベント流路抵抗に対するインパクト予測

5.2 切削加工

5.2.1 切削加工の構成と課題

MB-QFDでベテランの知見を可視化し、技術伝承できることを3.1.5項で説明しました。それを模擬的に実施するために、**切削技術者ではない私たちが切削技術のベテランの知識を可視化**した試みを、本節で紹介します。今回は、切削技術のベテランと直接話す代わりに、切削技術の入門書[23]を読み解き、インターネットの情報なども参照し[i,ii]、ベテランの知見をMB-QFDで可視化しました。

対象としたのは、**図5-11**に示した丸棒の旋削です。旋盤で丸棒を回転させながら刃を送っていくことで、所望の直径まで削る加工技術です。筒の内側を切削したり、丸棒の端面を切削したりするなど、さまざまな切削方法がありますが、もっともシンプルな外径旋削の構成を示しています。

切削の良し悪しを決める刃先部分の切削条件を、**図5-12**に記載しました。太字で書いてあるのは、条件として決定すべき項目です。これらの項目を決めることで、刃先に働く力である「切削抵抗」が変わります。「切削抵抗」は3次元的な力となりますが、その成分の中でも図5-11に示した「主分力」がもっとも大きく、仕上げ面に垂直方向の「背分力」も重要な役割を果たします。

旋削で要求される品質項目は多数ありますが、今回は以下を品質項目とします。

(1)「切削効率」: 時間内にできるだけ多く切削できること

(2)「切削経済性」: 消費するエネルギー、つまり消費電力が小さいこと

(3)「加工精度」: 意図した加工寸法からのずれが小さいこと

(4)「刃先摩耗耐性」: 刃先の寿命を決める摩耗が起きにくいこと

(5)「仕上げ面品質」: 仕上げ面の粗さが小さいこと

切削はシンプルな工程のようにも見えますが、技術情報を読み解くと非常に複雑なメカニズムが関わり合っていることがわかりました。品質項目のうち、(1)の「切削効率」は比較的わかりやすいのですが、他は一筋縄では行きません。「切削抵抗」が小さいほど切れ味が良いということになります。ベテランの知見によれば、「切削深さ」が小さく、「すくい角」が大きく、「切削速度」が早く、潤滑剤の役割を果たす切削油剤を多く供給した方が「切削抵抗」が小さくなるとのことです。

刃先の摩耗は刃先と被削材の摩擦だけでなく、温度が重要な役割を果たしており、温度が高いと摩耗が進みやすいと言われています。そう言われるとその

i　ターニング応用編（http://www.mitsubishicarbide.com/permanent/courses/76/index.html）

ii　切削加工の基礎知識（https://www.ipros.jp/technote/basic-cutting/）

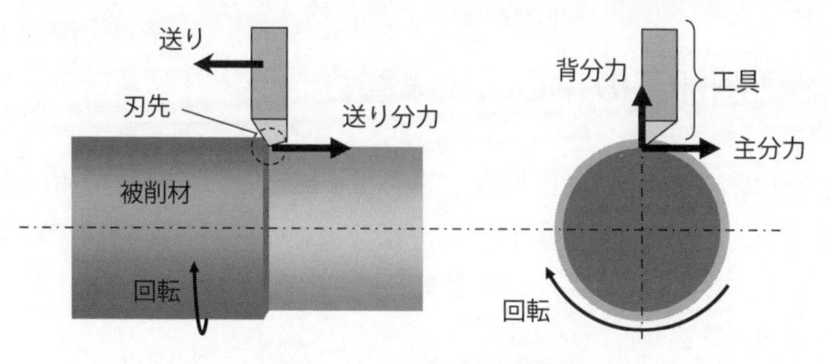

図5-11　丸棒の外径旋削

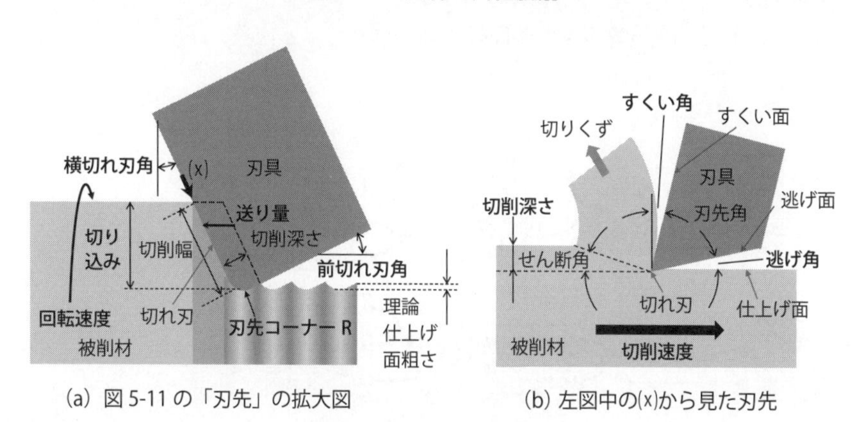

(a) 図5-11の「刃先」の拡大図　　(b) 左図中の(x)から見た刃先

図5-12　切削条件[i]

ような気はするのですが、何が何にどのように影響して、そういう結果になるのか、理解するのは簡単ではありません。この切削技術の後継者になった気持ちで、教わった上記のような事実を鵜呑みにするのではなく、技術の根底にあるメカニズムをきちんと理解するべく、選定した品質項目を起点としてMB-QFDを作成しました。どこまで正しい理解ができているかわかりませんが、物理量の単位のつじつまが合うように考えることで、できるだけ論理的に無理のない展開を心掛けました。なお、因果関係は紙面に収まる程度に簡略化して記述しました。

i　図(b)中の「切削深さ」は多くの資料で「切り込み」となっていましたが、図(a)中の「切り込み」と区別するために、ここでは「切削深さ」としました。

5.2.2 切削加工のMDLTと4軸表

作成したMDLTを**図5-13**に掲載します。それぞれのMDLTの中でさらに展開が必要な、キーとなる事象については、次々ページの**図5-14**で別途展開してあります。あまり細かくなりすぎないように気をつけながら、それぞれの展開について解説します。

(1) 切削効率

ここでは、「切削効率」を「時間当たり切削体積」と定義しました。これは、

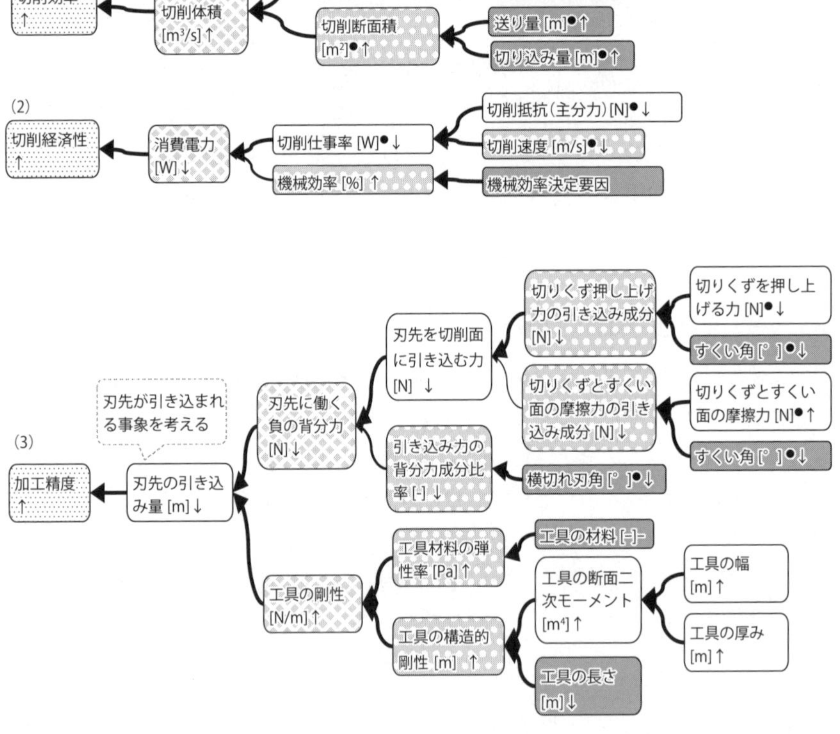

図5-13 切削加工

切削の断面積と「切削速度」の掛け算で決まります。「切削速度」は（被削材の半径×回転速度）、「切削断面積」は（送り量×切り込み量）です。

⑵ 切削経済性

「切削経済性」は「消費電力」であるとしました。仕事は（力×距離）なので、「主分力」と「速度」の掛け算が時間当たりの仕事である「切削仕事率」となると考えられます。消費する電力が100％切削に使われるわけではないので、その割合を「機械効率」としました。「機械効率」は、ベルトや歯車など動く部分で損失するエネルギーが大きいほど低くなりますので、旋盤の装置の仕様や状態で決まります。

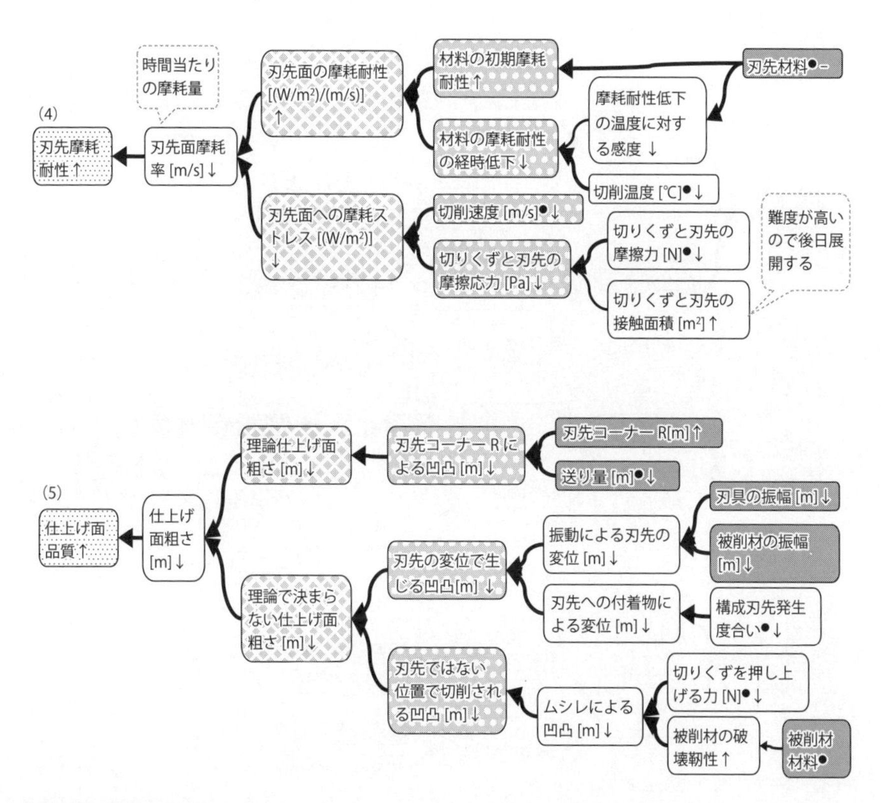

の主要品質のMDLT

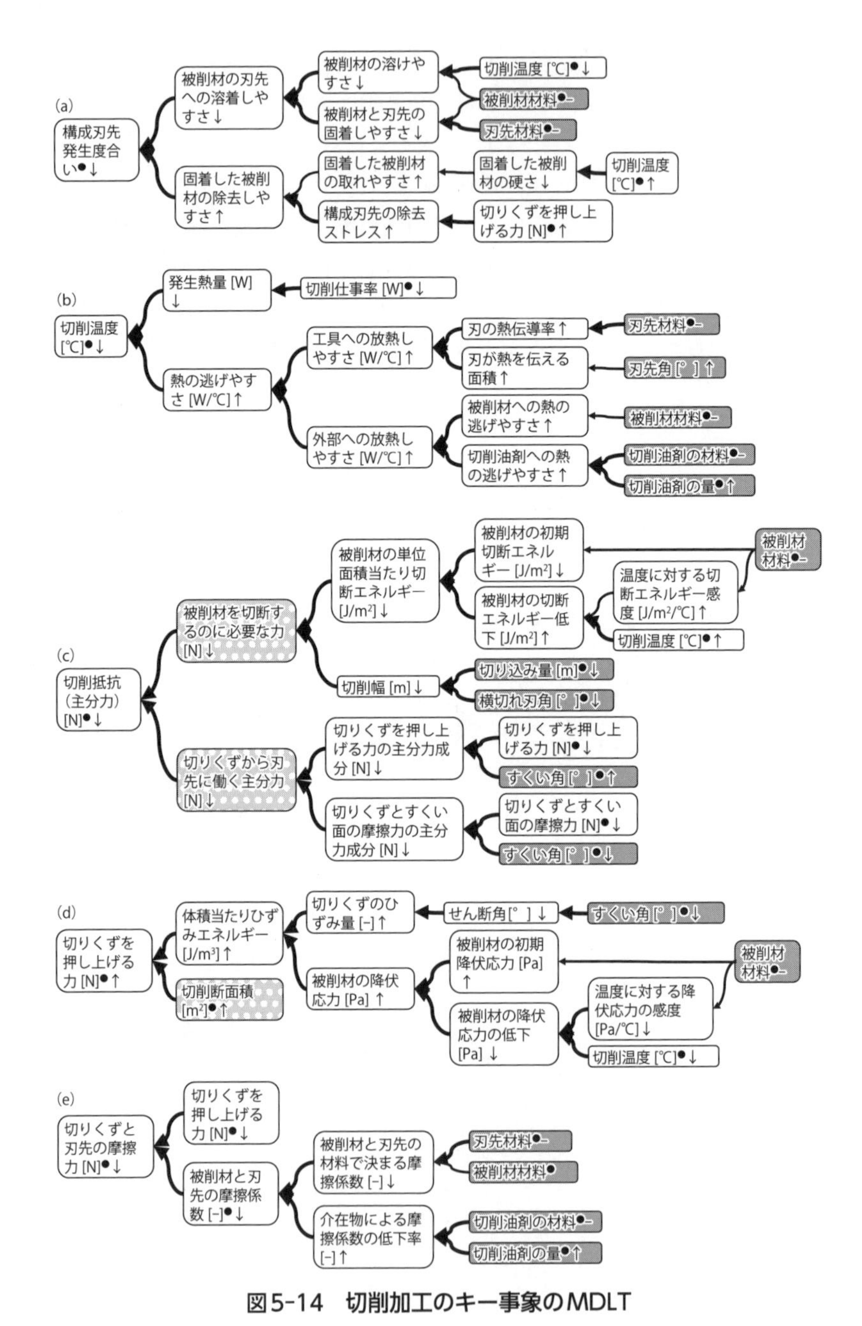

図5-14　切削加工のキー事象のMDLT

(3) 加工精度

刃先は被削材から、仕上げ面に対して垂直方向の「背分力」を受けます。「背分力」は、仕上げ面に対して刃を引き込む負の方向の力になることがあり、この力が大きいと刃先が引き込まれて仕上がりの半径が小さくなり、加工精度が悪くなります。「刃先引き込み量」は、「刃先に働く負の背分力」と「工具の剛性」（単位距離引き込むために何［N］の力が必要か）の掛け算で表せます。

「背分力」が引き込む方向になるのは、切削した切りくずを押し上げなければならないからです。この「切りくずを押し上げる力」は、刃先の面に対して垂直にかかると考えられるため、そのsin（すくい角）の成分が背分力に寄与するとしました。切りくずが刃先をこする摩擦力もありますが、ここでは相対的に影響が小さいと考えて、弱い関係で表しました。

最終的な背分力には、sin（横切れ刃角）も寄与しそうです。刃先を支えている工具の形状はここでは考えていませんが、一般的な「はり」で表すことができるとして、その要因を展開しました。

(4) 刃先摩耗耐性

「刃先摩耗耐性」が高いということは刃先の寿命が長いということなので、時間当たりの摩耗量である「刃先面摩耗率」が小さいことであると表しました。刃先の摩耗は刃先面に対する摩耗ストレスと、摩耗ストレスに対する刃先面の強さのせめぎ合いです。これを、「刃先面への摩耗ストレス」（面積当たりの摩耗エネルギー）と「刃先面の摩耗耐性」（ある摩耗率をもたらすために、どれだけの摩耗ストレスが必要か）の掛け算で表しました。

「刃先面の摩耗耐性」は刃先面の材料の特性ですが、「切削温度」が高くなると摩耗耐性が低くなる点が重要です。これを、「材料の初期摩耗耐性」と「材料の摩耗耐性の経時低下」の足し算で表しました。「刃先面への摩耗ストレス」は摩擦によって起こるはずなので、「切りくずと刃先の摩擦応力」（接触面積当たりの摩擦力）と「切削速度」の掛け算で表せると考えました。摩擦応力は摩擦力を接触面積で割ることで得られるはずです。摩擦力は別途展開します。接触面積を知るには切りくずがどのように刃先と接触するかがわかっている必要があり、難度が高そうなので後日検討する旨を記載して、ここでは展開しないことにします。

⑸ 仕上げ面品質

「仕上げ面品質」が高いということは「仕上げ面粗さ」が小さいことであると定義しました。「仕上げ面粗さ」には、

$$(粗さの最大高さ)=(送り量)^2/8/(コーナー半径)$$

という「理論仕上げ面粗さ」の式があります[23]。刃のコーナーの部分の形状が筋として加工されるために、表面凹凸ができるという考え方（図5-12⒜参照）です。この理論で決まる凹凸以外にも、刃先の振動などによる「刃先の変位で生じる凹凸」と、「刃先ではない位置で切削される凹凸」があります。

「刃先ではない位置で切削される」とは、刃先が切りくずを持ち上げることで被削材に周期的な亀裂が入る、「ムシレ」と呼ばれる現象を指しています。亀裂のできやすさは、「被削材の破壊靭性」で表すことができます。また切削温度が高くなると、刃先に溶けた被削材が溶着して固まる「構成刃先」と呼ばれる現象が起こります。この「構成刃先」が発生したり、除去されたりを繰り返すことで、被削材の表面に凹凸ができる場合があります。これは、刃先が伸びたり縮んだりするのと同様の効果であると考えて、「刃先の変位で生じる凹凸」の下流に分岐しています。

「構成刃先」については、仕上げ面粗さに影響するだけでなく、刃先を保護したり、切れ味を変えたりするなど他の事象にも影響を与えますが、ここでは仕上げ面粗さへの影響のみ記載しています。

図5-13で展開を途中で止めている、キー事象を展開した図5-14についても解説します。

⒜「構成刃先の発生度合い」は、材料と切削温度で決まる「被削材の溶着しやすさ」と、「固着した被削材の除去しやすさ」で決まるとしました。「切削温度」が高いと被削材が溶けて溶着するのですが、ある程度以上温度が高くなると構成刃先が溶けて取れやすくなるのは興味深い現象です。

⒝その「切削温度」は切削仕事による熱の発生と、その熱の逃げの釣り合いで決まります。ここでは熱が逃げる経路として、工具をつたう熱伝導と、被削材と切削油材が熱を奪っていく事象を考えています。

⒞「切削抵抗（主分力）」は、被削材の材料を切断すること自体に必要な力と、切断した切りくずを変形させて押し上げる力に分けて考えました。単位面積の切断に必要なエネルギーは、材料の特性で決まるはずです。切り

くずを変形させる力と、切りくずと刃先の摩擦力は別途展開します。

(d)「切りくずを押し上げる力」は「被削材の降伏応力」と「切りくずのひずみ量」で決まり、図5-12(b)の「せん断角」が決まれば「切りくずのひずみ量」が決まります。「せん断角」ができるメカニズムは単純ではないようですが、「すくい角」が支配的であるという記述があったので、主要因として記載しました。

(e)「切りくずと刃先の摩擦力」は、刃先が「切りくずを押し上げる力」と材料や潤滑剤で決まる摩擦係数の掛け算となります。

図5-13、図5-14の全項目を4軸表にしたものを**図5-15**に掲載します。4軸表の活用の仕方は樹脂射出成形で説明したのと同様で、着目した品質項目を改善する設計項目を抽出したり、設計項目を変更したときの2次障害の可能性を予期したりするのに利用できます。また、さまざまな施策を試行した結果の情報や計測データはTDASに格納して、4軸表と紐づけて活用できるようにするとよいでしょう。

一例として、**図5-16**と**図5-17**に「刃先摩耗耐性」のインパクト予測の結果を載せてあります。あえて「相関の正負に関係のない、影響の大きさ」を色の濃さで表した「極性考慮なし」と、正と負の相関を色（本書では塗り方のパターン）で区別した「極性考慮あり」を並べてみました。「極性考慮あり」では、第4軸の「設計」の軸項目の中で大きくした方がよい項目を青（右上がりパターン）、小さくした方がよい項目を赤（右下がりパターン）で塗ってあるのですが、どちらとも言えない項目には色がついていません。「極性考慮あり」で色がついていないのに、「極性考慮なし」で色がついている項目がかなり多くあります。これは、それぞれの設計項目が品質を良くする方向にも悪くする方向に働くことを示しており、切削工程における設計と品質の関係が非常に複雑であることを表しています。

相関の極性
青 ○ 正
赤 ◍ 負
黒 ● なし

品質（1軸）／機能（2軸）／物理（3軸）／設計（4軸）

品質（1軸）	時間当たり切削量	消費電力	刃先の引き込み力	工具の剛性	刃先面の摩耗耐性	刃先面への摩耗ストレス	理論仕上げ粗さ	理論以外の仕上げ面粗さ
切削効率	◎							
切削経済性		◎						
加工精度			◎	◎				
刃先摩耗耐性					◎	◎		
仕上げ面品質							◎	◎

物理（3軸）		その他：機械効率決定要因	その他：刃具の振幅	被削材：振動の振幅	被削材：材料	被削材：半径	工具：材料	工具：長さ	工具：幅	工具：厚み	刃先：刃先材料	刃先：刃先コーナーR	刃先：横切れ刃角	刃先：すくい角	刃先：刃先角	切削条件：切削油剤の選定	切削条件：切削油剤の量	切削条件：切り込み量	切削条件：回転速度	切削条件：送り量	時間当たり切削量	消費電力	刃先の引き込み力	工具の剛性	刃先面の摩耗耐性	刃先面への摩耗ストレス	理論仕上げ粗さ	理論以外の仕上げ面粗さ
切削条件	切削速度					◎													◎		◎	◎	◎		◎	◎		◎
	機械効率	◎																				◍						
	切削断面積																	◎		◎	◎	◎	◎		◎	◎		◎
刃先・工具	刃先材料の初期摩耗耐性										◎														◎			
	刃先材料の摩耗耐性低下				●	◎					●		◎	◎	◍	●	◍	◎	◎	◎					◎			
	工具材料の弾性率						◎																	◎				
	工具の構造的剛性							◎	◎	◎														◎				
面の凹凸	刃先コーナーによる凹凸											◎								◎							◎	
	刃先変位による凹凸		◎	◎	●	◎					◎		◎	◎	●	●	●	◎	◎	◎								◎
	ムシレによる凹凸				●	◎					●		◎	◎	○	●	○	◎	◎	◎								◎
力	被削材の切断に要する力				●	◎					●		◎	◎	○	●	○	◎	◎	◎		◎	◎		◎	◎		◎
	押し上げ力の主分力成分				●	◎					●		◎	◎	○	●	●	◎	◎	◎		◎	◎		◎	◎		◎
	押し上げ力の背分力成分				●	◎					●		◎	◎	○	●	○	◎	◎	◎			◎					
	摩擦力の背分力成分				●	◎					●		◎	◎	◍	●	●	◎	◎	◎			△					
	引き込み力の背分力比率												◎										◎					
	切りくず刃先間摩擦応力				●	◎					●		◎	◎	○	●	●	◎	◎	◎						◎		

図5-15 切削加工の4軸表

相関の極性
青 ○ 正
赤 ◍ 負
黒 ● なし

品質（1軸）	時間当たり切削量	消費電力	刃先の引き込み力	工具の剛性	刃先面の摩耗耐性	刃先面への摩耗ストレス	理論仕上げ粗さ	理論以外の仕上げ面粗さ
切削効率	◎							
切削経済性		◎						
加工精度			◎	◎				
刃先摩耗耐性					◎	◎		
仕上げ面品質							◎	◎

	設計（4軸）	その他：機械効率決定要因	その他：刃具の振幅	被削材：振動の振幅	被削材：材料	被削材：半径	工具：材料	工具：長さ	工具：幅	工具：厚み	刃先：刃先材料	刃先：刃先コーナーR	刃先：横切れ刃角	刃先：すくい角	刃先：刃先角	切削条件：切削油剤の選定	切削条件：切削油剤の量	切削条件：切り込み量	切削条件：回転速度	切削条件：送り量	機能（2軸）：時間当たり切削量	消費電力	刃先の引き込み力	工具の剛性	刃先面の摩耗耐性	刃先面への摩耗ストレス	理論仕上げ粗さ	理論以外の仕上げ面粗さ
切削条件	切削速度					◎													◎		◎	◎	◎		◎	◎		◎
	機械効率	◎																				◍						
	切削断面積																	◎		◎	◎	◎	◎		◎	◎		◎
刃先・工具	刃先材料の初期摩耗耐性										◎														◎			
	刃先材料の摩耗耐性低下				●	◎					●		◎	◎	◍	●	◍	◎	◎	◎					◎			
	工具材料の弾性率						◎																	◎				
	工具の構造的剛性							◎	◎	◎														◎				
面の凹凸	刃先コーナーによる凹凸											◎								◎							◎	
	刃先変位による凹凸		◎	◎	●	◎					◎		◎	◎	●	●	●	◎	◎	◎								◎
	ムシレによる凹凸				●	◎					●		◎	◎	○	●	○	◎	◎	◎								◎
力	被削材の切断に要する力				●	◎					●		◎	◎	○	●	○	◎	◎	◎		◎	◎		◎	◎		◎
	押し上げ力の主分力成分				●	◎					●		◎	◎	○	●	●	◎	◎	◎		◎	◎		◎	◎		◎
	押し上げ力の背分力成分				●	◎					●		◎	◎	○	●	○	◎	◎	◎			◎					
	摩擦力の背分力成分				●	◎					●		◎	◎	◍	●	●	◎	◎	◎			△					
	引き込み力の背分力比率												◎										◎					
	切りくず刃先間摩擦応力				●	◎					●		◎	◎	○	●	●	◎	◎	◎						◎		

（物理（3軸））

図5-16 「刃先摩耗耐性」のインパクト予測（極性考慮なし）

相関の極性
青 ○ 正
赤 ◍ 負
黒 ● なし

変化の方向
青 ▨（増加）
赤 ▧（減少）

区分	項目	その他	その他	被削材	被削材	被削材	工具	工具	工具	工具	刃先	刃先	刃先	刃先	刃先	切削条件	切削条件	切削条件	切削条件	切削条件	時間当たり切削量	消費電力	刃先の引き込み力	工具の剛性	刃先面の摩耗耐性	刃先面への摩耗ストレス	理論仕上げ粗さ	理論以外の仕上げ面粗さ
		機械効率決定要因	刃具の振幅	振動の振幅	材料	半径	材料	長さ	幅	厚み	刃先材料	刃先コーナーR	横切れ刃角	すくい角	刃先角	切削油剤の選定	切削油剤の量	切り込み量	回転速度	送り量								
品質（1軸）	切削効率																				◎							
品質（1軸）	切削経済性																					◎						
品質（1軸）	加工精度																						◎	◎				
品質（1軸）	刃先摩耗耐性																								◎	◎		
品質（1軸）	仕上げ面品質																										◎	◎
切削条件	切削速度					◎													◎		◎	◎	◎		◎	◎		◎
切削条件	機械効率	◎																				◍						
切削条件	切削断面積																	◎		◎	◎	◎	◎		◎	◎		◎
刃先・工具	刃先材料の初期摩耗耐性										◎														◎			
刃先・工具	刃先材料の摩耗耐性低下				●	◎					●		◎	◎	◍	●	◍	◎	◎	◎					◎			
刃先・工具	工具材料の弾性率						◎																	◎				
刃先・工具	工具の構造的剛性							◎	◎	◎														◎				
面の凹凸	刃先コーナーによる凹凸											◎								◎							◎	
面の凹凸	刃先変位による凹凸		◎	◎	●	◎					◎		◎	◎	●	●	●	◎	◎	◎								◎
面の凹凸	ムシレによる凹凸				●	◎					●		◎	◎	○	●	○	◎	◎	◎								◎
力	被削材の切断に要する力				●	◎					●		◎	◎	○	●	○	◎	◎	◎		◎	◎		◎	◎		◎
力	押し上げ力の主分力成分				●	◎					●		◎	◎	○	●	●	◎	◎	◎		◎	◎		◎	◎		◎
力	押し上げ力の背分力成分				●	◎					●		◎	◎	○	●	○	◎	◎	◎			◎					
力	摩擦力の背分力成分				●	◎					●		◎	◎	◍	●	●	◎	◎	◎			△					
力	引き込み力の背分力比率												◎										◎					
力	切りくず刃先間摩擦応力				●	◎					●		◎	◎	○	●	●	◎	◎	◎						◎		

品質（1軸）／機能（2軸）／物理（3軸）／設計（4軸）

図5-17 「刃先摩耗耐性」のインパクト予測（極性考慮あり）

第6章

品質課題に対する各種手法との連携

> To get Quality, Don't measure Quality. Measure Functionality[i].
>
> 田口 玄一

第3章の富士ゼロックスにおけるメカニズムベース開発手法の具体事例で説明したように、実務における品質課題や技術検討では、MDLT（メカニズム展開ロジックツリー）と4軸表を品質工学、シミュレーションなどと連携させることが有効です。これによって、既存の手法であいまいだった部分がメカニズムとして明確化され、合理的な結論を導くことができるようになります。本章では第4章、第5章に続いて、**実務で用いられる各種手法との具体的な連携方法について説明**します。

---

i　日本語では、「品質が欲しければ品質を測ってはいけない」がこれと同等の田口先生の名言です。日本語では省略されることが多い「機能を測る」ことが重要であり、メカニズムベース開発に通じるところがあるので、この言葉を選びました。http://www.engineering-eye.com/rpt/c005_qe/06.html　品質工学副会長 原和彦氏　テクニカルコラム「品質工学」は何を目指しているのか　品質工学って何？などで紹介

6.1 商品開発のデザインレビューでの活用

デザインレビュー（以下、DRと略します）といってもさまざまな形態が考えられます。本節では商品開発において、企画・構想設計、詳細設計、量産性設計という各設計段階の区切りで公式に関係者や専門家を集め、設計内容の問題抽出と対策可否検討を行うことや、非公式に部内で関係者を集めて技術的な討議を行うことを想定します。さらにDRの目的を、**図6-1**に示す**設計根拠の7つの要素（①〜⑦）を明確化していく**こととします。

グラフの縦軸は、ある部品や機構に期待される品質のレベルを表しています（①）。横軸は、その部品や機構の設計項目が取り得る値の幅を表しています（③）。グラフ中の破線の曲線は、ノイズ（公差、材質のばらつきなど）がない状態での設計パラメーターに対する品質の変化を表しています（⑥）。これに、ノイズの影響を含めたものが実線の曲線です（④）。実線の曲線が目標値（②）を超える範囲が設計ウィンドウ（⑤）となり、コスト、工数、納期などの制約条件を含めて保証される範囲が実装設計となります（⑦）。

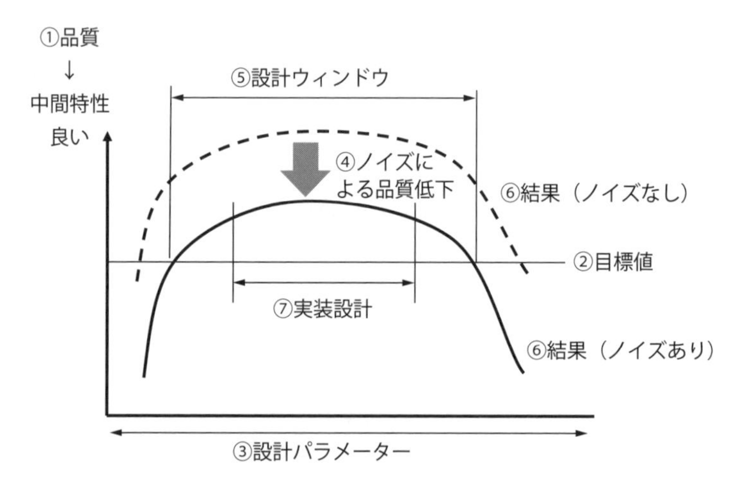

図6-1　設計根拠の7要素

表6-1　設計根拠の７つの要素と４軸表の各軸との対応関係

軸	定義	設計根拠の７つの要素との対応
品質	【顧客価値の指標】 顧客（次工程）に保証する価値（満足度）の評価指標	①品質、②目標値
機能・性能	【機能の発現度合いの指標】 システム全体が品質を達成するために、その部品や部分システムが果たす固有の役割（機能）の発現の指標	②目標値 ⑥結果（中間特性→品質）
管理物理量（中間特性）	【管理すべき物理量】 部品や部分システムが性能を発揮するために、管理/規定するべき物理量	⑥結果（設計パラメーター・ノイズ→中間特性）
設定項目（キーパラメーター、設計項目）	【設計者が直接決定する量・条件】対象の部品や部分システムの管理物理量を制御するための設定条件であり、設計者、開発者が決められる（または決めるべき）量および条件	③設計パラメーター ④ノイズ ⑤設計ウィンドウ ⑦実装設計

この7つの要素と4軸表の各軸との対応を**表6-1**に示します。

4軸表の各軸から設計根拠となる7つの要素を抽出し、これをリスト化すればDRの検討を合理的に進めることができます。例として、**図6-2**に示すMDLTを考えましょう。

このMDLTから、設計レビューで検討するための項目をリスト化したものが**表6-2**となります。

リストの形式はこの例に限定されるものではありませんが、設計根拠の7つの要素とリストの項目との対応を、DRに参加するメンバーが理解していることが重要です。このリストをベースに、MDLTや4軸表を併用することで、品質から設計項目までのつながりを参加者で議論することができるようになり、目標達成の○×を確認するだけになる、声の大きな人の思い込みに引っ張られる、ということがない**「活きたデザインレビュー」を実施することが可能**になります。

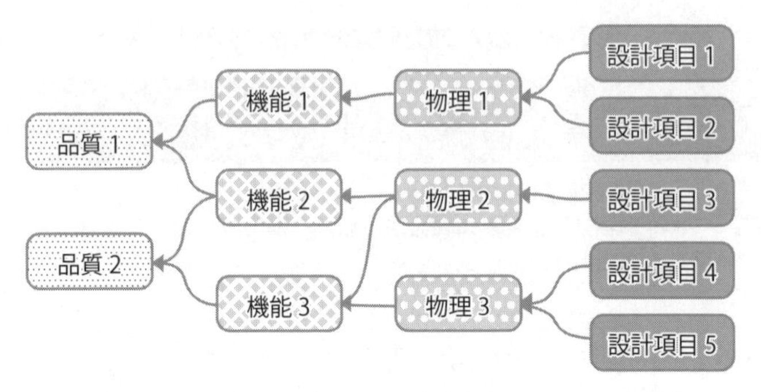

図6-2　デザインレビューの対象となるMDLTの例

表6-2　設計レビュー用の検討リストの例

<table>
<tr><th colspan="6">品質評価</th><th colspan="3">設計</th></tr>
<tr><th rowspan="2">品質</th><th rowspan="2">機能</th><th rowspan="2">機能喪失懸念・ノイズ</th><th rowspan="2">管理物理量</th><th colspan="2">管理物理量</th><th rowspan="2">設計項目</th><th rowspan="2">設計ウィンドウ</th><th rowspan="2">実装設計</th></tr>
<tr><th>目標</th><th>評価</th></tr>
<tr><td rowspan="3">品質1</td><td rowspan="2">機能1</td><td rowspan="2"></td><td rowspan="2">物理1</td><td rowspan="2"></td><td rowspan="2"></td><td>設計項目1</td><td></td><td></td></tr>
<tr><td>設計項目2</td><td></td><td></td></tr>
<tr><td rowspan="2">機能2</td><td rowspan="2"></td><td rowspan="3">物理2</td><td rowspan="3"></td><td rowspan="3"></td><td rowspan="3">設計項目3</td><td rowspan="3"></td><td rowspan="3"></td></tr>
<tr><td rowspan="4">品質2</td></tr>
<tr><td rowspan="3">機能3</td><td rowspan="3"></td></tr>
<tr><td rowspan="2">物理3</td><td rowspan="2"></td><td rowspan="2"></td><td>設計項目4</td><td></td><td></td></tr>
<tr><td>設計項目5</td><td></td><td></td></tr>
</table>

6.2 FMEAでの活用

製品のトラブルの発生を未然に防止するための信頼性手法として、設計の検討にFMEA（Failure Mode and Effects Analysis：故障モードと影響解析）を多くの企業が導入しています。FMEAには設計FMEAと工程FMEAの2つがよく知られていますが、本節では、**設計FMEAとメカニズムベース開発手法の連携と活用方法について説明**します。

以後、設計FMEAを単にFMEAと表記します。FMEAの一般的な実施手順と、メカニズムベース開発手法による支援の関係を**表6-3**に示します。この手

表6-3　FMEAの実施手順とMDLT/4軸表による検討支援の関係

<table>
<tr><th>FMEAの実施手順</th><th>MDLT/4軸表による検討支援</th></tr>
<tr><td>(1) 製品の構造・機能の把握</td><td>製品の品質/機能の俯瞰と整理</td></tr>
<tr><td>(2) 対象部位の選定（主として設計変更や新規の部品を抽出）</td><td></td></tr>
<tr><td>(3) 製品の構成・仕様・製造図面から機能ブロック図を作成</td><td rowspan="2">対象部位の品質/機能の俯瞰と整理</td></tr>
<tr><td>(4) 各機能が故障した場合の製品全体の機能が受ける影響のつながりから信頼性ブロック図を作成</td></tr>
<tr><td>(5) ブロックごとに故障モードを検討</td><td>変更点が影響する機能と品質を抽出（問題発生メカニズムと要因/ノイズも抽出）</td></tr>
<tr><td>(6) 故障モードの影響度を検討</td><td>4軸表のインパクト予測（各項目間のつながりの重要性を評価して影響度を数値化）</td></tr>
<tr><td>(7) 故障モードの原因分析</td><td>変更点が影響する機能と品質を抽出（問題発生メカニズムと要因/ノイズも抽出）</td></tr>
<tr><td>(8) 影響の厳しさ・頻度・検出可能性の評価</td><td></td></tr>
<tr><td>(9) 故障回避の設計上の施策検討</td><td></td></tr>
</table>

表6-4　FMEAワークシートの例

項番	機能品名	機能	故障モード	故障の原因	故障の影響	影響度	単一故障致命的な故障	調べ方	設計上の施策

順に基づいて検討した結果を記載するFMEAワークシートの例を**表6-4**に示します。

(1) 製品の構造・機能の把握

FMEAは過去トラブルへの対処ではなく、まだ起こっていないトラブルの予見であるため、**対象となる製品の構造や機能の明確化が極めて重要**となります。製品が保証すべき品質、これを発現するための機能、そしてこれらを実現する具体的な構造・設計パラメーターのつながりをMDLTや4軸表として作成し、俯瞰することで製品の構造や機能を可視化できます。

図6-3は、ある新製品を想定したMDLTです。従来の品質1に加えて、品質2が追加され、付加価値を高める狙いがあるとします。追加された品質2は、既存の機能2と追加機能3によって発現します。また、追加機能3には、機能2に関わる物理2と追加物理3が関係しています。追加物理3は追加設計項目4と5で実現されますが、追加設計項目4は物理2にも関係し、従来の品質1にも影響を与えるものとします。

(2) 対象部位の選定

FMEAを実施する対象の部品点数が非常に多い場合、製品全体をどのレベルまで分解するかは難しい問題です。経験的には、主として設計変更や新規に部品を追加した部分を対象とすることが多いようです。図6-3のMDLTでは、設計項目だけを見ると追加設計項目4と追加設計項目5、機能については追加機能3のみが対象となると考えられがちですが、前の手順で可視化したように、追加機能3には従来からある設計項目3が物理2を介して関連していますし、追加設計項目4は物理2を介して従来からある機能2にも影響を及ぼすこ

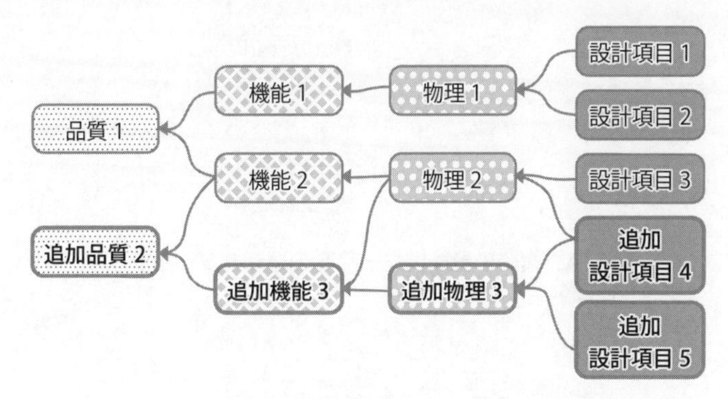

図6-3　MDLTによる製品の構造・機能の可視化

とがわかります。

(3) 機能ブロック図の作成

製品の持つ機能を分類して、電源機能、搬送機能、吸排気機能などの機能別ブロックに分けます。通常のFMEAでは、構成・仕様・製造図面などから検討を行います。しかし、目に見えている部品と構成からだけでは、部品点数が多くなったり複数の機能にまたがっている部品があったりすると、検討は難しくなります。この点についても図6-3のMDLTを用いれば、その製品に期待される品質と、これを発現するための**メカニズムとしての機能を明確化することができます。**

(4) 信頼性ブロック図の作成

各機能が故障した場合、製品全体の機能が受ける影響のつながりを検討します。図6-3の例で、製品全体の機能喪失につながるのは、従来からある品質1が損なわれることであるとします。追加された品質2は製品の付加価値を高めるもので、これが喪失したとしても製品全体の機能喪失にはつながらないものと仮定します（**図6-4**）。一般的な信頼性ブロック図では、品質を項目としては記載しないため、破線枠で表現しています。

ここで前提として、品質1の喪失は機能1と機能2のいずれかが喪失することで起こり、さらに、追加品質2の喪失は機能2と追加機能3のいずれかの喪失で起こることとします。

すると信頼性のつながりとしては、品質1から機能1と機能2が直列につな

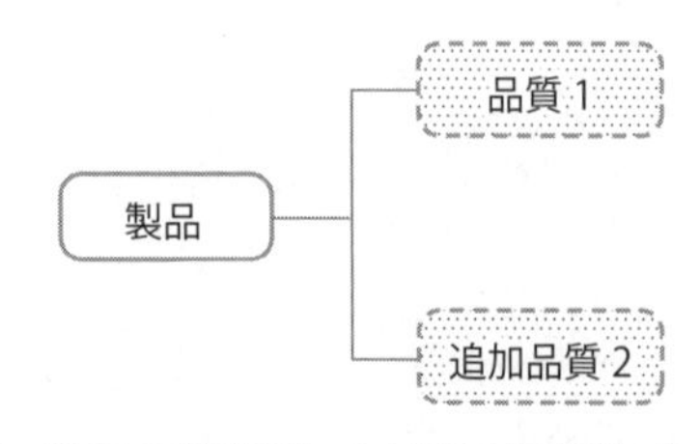

図6-4　製品の機能喪失と品質の信頼性ブロック図

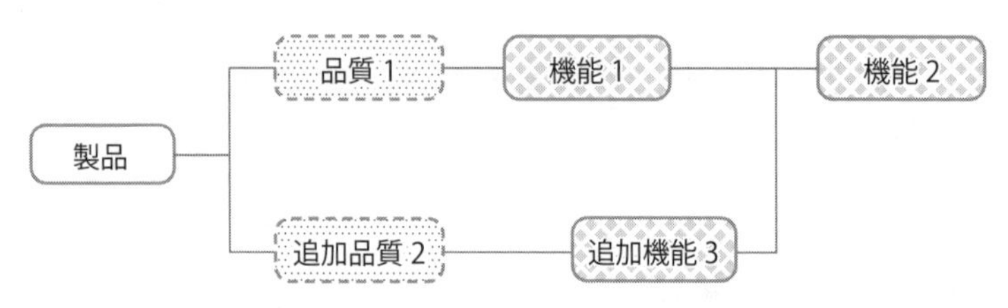

図6-5　信頼性ブロック図（機能を追加）

がり、追加品質2から追加機能3と機能2が直列につながります。これを信頼性ブロック図として表現すると、**図6-5**のようになります。

図6-3のMDLTから、機能1に関係しているのは設計項目1と設計項目2であることがわかります。いずれかの喪失で機能1が損なわれるものとすれば、信頼性ブロック図は**図6-6**のようになります。

同様に、機能2と追加機能3に関係する設計項目について、機能の喪失が直列（いずれかの設計項目の喪失で起こる）か、並列（関係するすべての設計項目の喪失で起こる）かを検討・記載します。最後に、品質項目を削除して信頼性ブロック図を完成させます（**図6-7**）。

⑸ 故障モードの検討

「製品の機能が損なわれる」ことを、信頼性ブロック図と図6-3のMDLTから検討します。具体的には、信頼性ブロック図の各機能ブロック（機能から設計項目に展開されている部分）ごとに、図6-3のMDLTの各機能から展開される「物理項目」と「設計項目」をたどります。これによって、「機能喪失」で引き起こされる「故障モード」とそのメカニズムを明らかにすることができます。

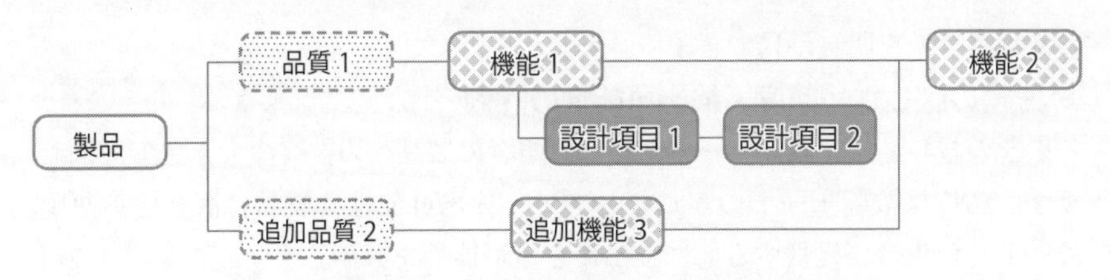

図6-6　信頼性ブロック図（機能1の設計項目を追加）

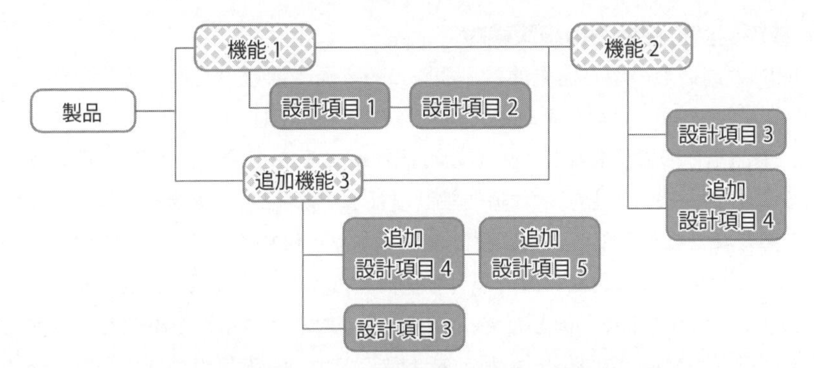

図6-7　信頼性ブロック図（すべての設計項目を追加）

製品の構成や部品などの目に見えるものから、まだ起こっていない故障を予見するには限界があります。また、「故障モード」を「部品の機能不全」と同一視することで、**「目に見える故障をただ集めたリスト」化してしまう危険性**もあります。MDLTを用いて製品が機能する理屈（＝メカニズム）を考えることで、製品内部の複数の部品が関係するような**複雑な故障や**、製品の機能喪失による**潜在的故障を想定できる**ようになります。

⑹ 故障モードの影響度検討

「故障モード」が「品質」に与える影響度は、2.4.1項で説明した4軸表の「インパクト予測」によって見積もることができます。

⑺ 故障モードの原因分析

⑸で説明したように、MDLTの各機能から展開される「物理項目」と「設計項目」をたどることで、「機能喪失」で引き起こされる「故障モード」とそ

のメカニズムを明らかにできます。

⑻ 影響の厳しさ・頻度・検出可能性の評価

影響の厳しさは、故障モードが生じた場合の製品への被害の大きさで評価します。頻度は故障モードの起こりやすさ、検出可能性は製品に潜在する故障モードを使用者に提供する前に検出できる可能性を評価します。この3つの項目を、1から10までの数値で評価する事例が多いようです。これら3つをすべて掛け合わせたものを、危険優先指数（Risk Priority Number：RPN）と呼んでいます。

⑼ 故障回避の設計上の施策検討

RPNの高いものから優先的に、故障モード発生回避のための施策を検討します。たとえば、今回の新製品で追加された設計項目4は機能2に影響を及ぼし、製品全体の機能喪失につながる可能性があることがわかります（図6-3、図6-7より）。設計としては、追加設計項目4の物理2への影響を把握し、機能2の喪失につながらないように設計ウィンドウを決める、あるいは物理2に影響を与えないような新たな設計項目を検討する、という施策を検討します。

以上、設計FMEAを例として、MDLTや4軸表との連携を説明してきましたが、工程FMEAについても考え方は同じです。①工程のフロー把握、②工程の機能の明確化、③工程の機能が喪失して起こる不良モードの明確化、④不良モードのRPN評価と施策、という手順となります。ただし、工程の不良モードが起こる要因のうち、作業者のミスや動作のばらつきについては物理的なメカニズム以外の要素も大きいため、動作分析やメソッドエンジニアリングなど他の手法とも連携することが必要となります。

6.3 品質工学（パラメーター設計）での活用

製品に求められる品質と機能が複雑化、高度化する中で、効率的な製品開発を体系的に行う方法論として、多くの企業が「品質工学」を導入しています。品質工学には、大別して製造現場で使われる品質管理であるオンライン品質工学と、研究、開発、生産技術での設計のやり方に関するオフライン品質工学の

表6-5　パラメーター設計の手順

手順		説明
①	最適化したい対象を設定	対象となるシステムが持つ基本的な働き（基本機能）を入出力関係で定義
②	制御因子と各因子の条件（水準）の設定	出力を安定させ、所望の値を得るために設計者が決められる因子と水準を決める
③	誤差因子の設定（最悪条件＋標準条件など）	出力に影響し、設計者が決めることができない因子と水準を決める
④	直交表へのわりつけと実験の実施	2水準が1因子、3水準が7因子の総当たり実験が4,374通りとなるのに対し、L18直交表であれば18回の実験で調査できる
⑤	要因効果の算出	実験データからSN比と感度を計算し、制御因子の各水準を横軸とする要因効果図を作成する
⑥	最適条件の設定、SN比の推定	SN比への影響が少なく感度を高くできる制御因子と水準を抽出する
⑦	確認実験と評価	最適水準の組み合わせに対して実験評価を行い、差が大きければ基本機能や制御因子、誤差因子の設定に誤りがないかを検討

2つがあります[24]。本節では、MDLTや4軸表の活用という観点で関連性が高いオフライン品質工学に属する「パラメーター設計」について説明します。

パラメーター設計は、市場で問題を起こさないように設計のパラメーターの値（または水準）を、統計的な手法を用いて決めるものです。手法としては、**表6-5**に示すような具体的な手順が体系立てられています。

各手順の詳細については、「入門 タグチメソッド」(立林)[24]などを参照してください。この手順の中で、**MDLTや4軸表との連携が効果的なのは、最適化したい対象を定義する①/②/③と、⑦の確認実験と評価**です。

品質工学では、「品質が欲しいときは、品質を測るな（To get quality, don't measure quality.)」とあるように、対象の品質を出力として測るのではなく、対象のシステムが品質を保証するために備えている基本的な働きの正しさ、すなわち「基本機能」の発現度合いを評価すべきとの考えがあります。したがっ

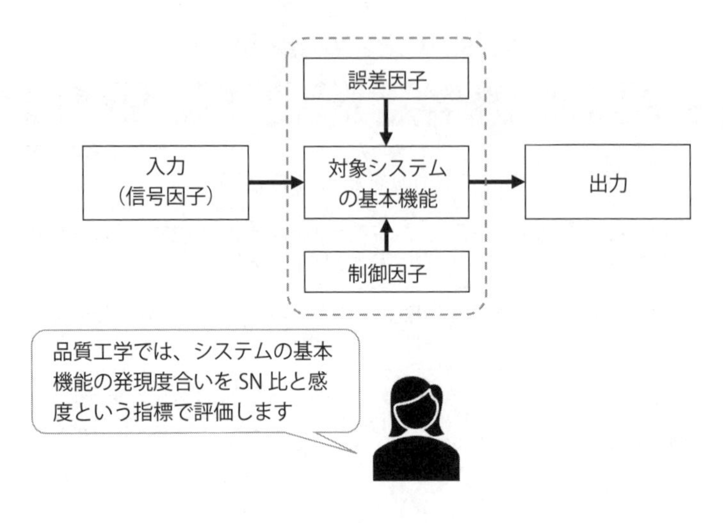

図6-8　システムチャート

て、品質工学では評価に先立ち、対象を**図6-8**に示すシステムチャートとして定義するところから始めます。

どんなに優れた分析や解析であっても、対象を正しく設定できなければ、正しい答えを得られないのは言うまでもありません。品質工学においても、設計者がもっとも苦労し、もっとも知恵を絞るのがこの手順です。システムチャートの作成で一番重要となるのが、**「対象システムの基本機能」を決めること**です。基本機能が決まれば、その機能の発現に関わる「入力」と「出力」が決まります。そして基本機能を実現するために、設計者が決定できる設計要素を制御因子、設計者が決定できない環境要因や使用条件などの因子を誤差因子として、システムチャートが完成します。

この誤差因子を取り入れた状態でシステム全体の最適化を検討するアプローチは、制御不能要因を排除して精密化を図る通常の考え方とは異なり、品質工学固有の特徴と言えます。そしてシステムチャートの要となる「対象システムの基本機能」の検討に、MDLTや4軸QFDを役立てることができます。

図6-9は、システムチャートの各項目と4軸表の軸項目の対応関係について示したものです。4軸表の機能軸は品質を発現するために必要な機能を表すもので、システムチャートの「基本機能」と「出力」をこの軸項目に基づいて検

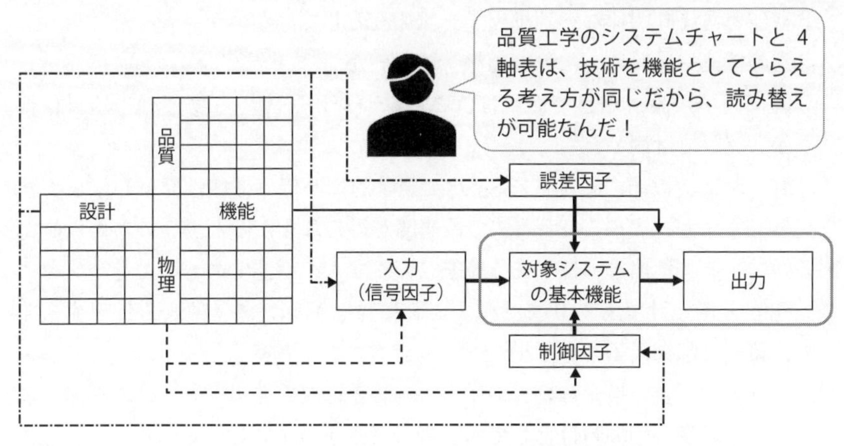

図6-9　システムチャートと４軸表の対応

討します。次に検討した機能項目に関連する物理軸の項目から、この機能の「入力」を決めます。

また制御因子は、設計軸の項目そのものである場合と、物理軸の項目（設計項目が機能に作用するメカニズムを説明する中間特性）である場合とがあります。設計軸の項目を選ぶときは、機能と品質を決める物理的な関係が適切かどうか、網羅的になっているか、異なる制御因子が同じ物理軸の項目を振ることになっていないか、などに注意しながら制御因子を検討します。一般的には、物理軸の項目は複数の設計軸の項目で決まるので、物理軸の項目を制御因子にできれば、**パラメーター空間をより広く網羅した直交実験ができる**というメリットもあります。

このようにシステムチャートと4軸表の読み替えを可能にしているのは、技術を機能としてとらえるという**品質工学の基本的概念がMDLT・４軸表と共通である**からだと私たちは考えています。さらにMDLTや4軸QFDは、以下のような観点から品質工学を進める過程での出力特性や因子の抽出、実験前後の確認に役立ちます。

◇出力特性として品質項目を測ろうとしていないか

◇制御因子は物理軸を介して仮説上も機能軸に対して寄与を持つ可能性がある因子か

◇機能とあまり関係ない制御因子を試そうとしていないか
◇別の機能や品質に二次障害の懸念はないか
◇制御因子が設計項目であれば、これにつながっている物理軸の項目は何か。実験で計測できないか

品質工学は、機能の安定性をSN比で定量的に評価（機能性評価）する方法を提供しますが、表6-5の手順⑦で最適解が得られなかった場合の新たな制御因子のアイデア創出まではしてくれません。また、機能そのものの発現メカニズムを教えるわけでもありません。これに対しMDLTや4軸表を併用することで、新たな制御因子を考え出したりメカニズムを考察したりすることを支援してくれます。言い換えれば、MDLTや4軸表は機能発現メカニズムを考えるときに、**物理量を中間特性として設計者の考察をガイドしてくれる**ツールと言えます。

このように、メカニズムに基づいて信頼性の高い技術を獲得する上で、品質工学は機能性評価の方法を提供する一方、MDLTや4軸表はメカニズムの考察を支援します。これらが互いに補い合いながら、それぞれの活用効果を高めることができます。

第7章

デジタルトランスフォーメーションに向けた取り組み

デジタル破壊時代のイノベーションは「現場」が起こす[i]

一條 和生、越川 慎司

本章では、製造業における昨今の潮流であるデジタルトランスフォーメーション（以下、DXと略します）の課題と、DX実現に向けたメカニズムベース開発の果たす役割について説明します。

7.1 製造業におけるDX実現の課題

製造業のDX実現に向けて重要な役割を果たすと期待されているのが、データの入り口となるIoT（Internet of Things）と、膨大なデータの中にある関係性や判断材料を見つけるAI（Artificial Intelligence）です。また、形ありき

i　https://businessnetwork.jp/Detail/tabid/65/artid/4674/Default.aspx　一橋大学大学院一條和生教授と、日本マイクロソフト越川慎司執行役員との2016.06.29の対談より

で設計項目を修正して改良する設計から理想機能を形にする設計にすることで製品の付加価値を向上するために、1DCAE（1Dimensional Computer Aided Engineering）とMBD（Model Based Development）の活用を推進する企業も増えています。一般的には、DXはAIやIoTなどのデジタル技術を活用し、製品やプロセスのイノベーションを起こすことととらえられています。

しかし、現状のDX実現に向けた議論としては、ツールや情報システムのデジタル化における**既存システムの足かせをどのように解決するか（2025年の崖問題**[25]）が中心で、IoT、AI、1DCAE、MBDを連携させるための方法や考え方の議論が後回しになっているように見えます。後述するように、IoT、AIを製造業の現場で活用するためには、データの確保や品質保証のための根拠の提示などの課題があり、1DCAEやMBDにつなげることができていません。現場からイノベーションを起こすために、IoT、AI、1DCAE、MBDを連携させるための方法や考え方の議論の一助になることを願って、私たちの考え方と取り組みを次節以降で紹介します。

7.2 メカニズム解明によるAI・IoTの活用

7.2.1 AI・IoTの現場活用が進まない理由

画像認識・翻訳などの世界で大きな成果を上げているディープラーニングの技術を使い、人が行っているすり合わせを機械に代替させることで、品質問題は撲滅できるでしょうか？　この本を書いている時点での私たちの答えはNOです。それには、2つの理由があります。

ひとつ目の理由は、**データの問題**です。ディープラーニングで精度の高いルールやパターンを抽出するためには、通常1,000以上、可能であれば10,000以上のデータが必要です。このため、製造現場のデータを取得するための環境整備が近年進みました。

経済産業省の報告[i]によれば、工場の60%以上で何らかの情報を採取する環境が構築されているとのことです。しかし一方で、IoTを導入・整備したものの、投資に見合うだけの改善効果が得られず悩んでいるという声も多く聞かれます。なぜ、このようなことが起こるのでしょうか。それは、取得しているデータがAIから所望の結果を得るための十分な情報を含んでいないためだと私たちはとらえています。

たとえば、ある生産設備で作られる部品の品質の歩留まりを向上させるため、生産設備で取得されているデータから品質を向上・安定化させる条件を見出したいとします。この場合、①取得されているデータの中に部品の品質につながる（因果関係を持つ）ものが含まれている、②生産設備で取得される、品質や工程のデータの時間が1対1で対応している、の2つの条件を満足しなければ、どんなに優秀なAIを使っても満足のいく結果は得られません。しかし、実際には次に挙げる現場の制約があり、現場で取得されているデータは、これらの条件を満足しないものが多いのが現状です。

①取得されているデータが、「トレーサビリティのエビデンスと法令で定められた安全基準に関するもの」という品質の判定結果のみで、品質と生産パラメーター間の中間特性を取得できていない場合が多く、品質と相関のあるモデルを学習できないということが起こります。また品質と生産条件の関係を知るためには、OK品とNG品の両方が必要ですが、NG品のデータは不要とされて現場には残っていないことも多くあります。

②同じ生産設備であっても、別々のPCや機器によってデータが取得されている現場が多く、PCや機器のクロックの不揃いによって情報の取得時間が一致していません。また、生産設備内で複数のプロセスが並行して動作している場合、データの取得間隔がプロセスごとに異なっていることもよく起こります。この場合、データと各プロセスを1対1で紐づけることが困難となります。

AIで満足な結果が得られない2つ目の理由は、**予測結果の根拠が説明できないというブラックボックス化の問題**です。所望の品質を得るための生産パラメーターのモデルをディープラーニングによって得られたとしても、品質とパ

i　2016年度「ものづくり白書」（経済産業省）第１部第１章第１節　我が国製造業の足下の状況認識 3. 第４次産業革命に対応する日本企業の状況

ラメーター間の関係がブラックボックスのため、安心して開発ができないKKD開発と同じ罠に陥ってしまいます。特に生産現場では、技術開発時に品質確立した生産条件（材料や工程条件）を日々改善してコストダウンを進めることが多く、技術開発時に想定していない生産条件を設定した場合に二次障害が起こる危険性が高くなります。

以上のことから、製造現場でのAI・IoTによるデータ活用には、**生産設備や工程に関する事前知識を利用する**ことがキーとなると考えられます。

7.2.2 メカニズムベース分析とAI・IoTの連携事例

前節で説明したように、生産品質の向上や良品条件（良い品質で生産を維持するための生産パラメーター）の抽出にAI・IoTを活用するためには、①生産設備や工程に期待される品質、②その品質を発現するための機能、③その機能を実現する物理的な理屈および設備と工程のパラメーターの関係、を把握しておく必要があると私たちは考えています。一方で、この関係を生産ラインのすべての工程や設備について検討するには膨大な時間がかかります。そこで私たちがたどり着いたのが、**AI・IoTのデータ分析とメカニズムベース分析の長所を互いに活かす「ハイブリッドアプローチ」**です（**図7-1**）。

ハイブリッドアプローチは、大きく2段階に分かれています。まず生産ラインで取得しているデータに対して、品質につながるデータの有無を機械学習によってスクリーニングします。次に品質につながるデータが見つからない場合に、メカニズム分析によって、品質につながる物理項目や工程パラメーターの候補を抽出して再度機械学習を実施します。

品質につながるデータをスクリーニングする手法について、機械学習手法のひとつであるCNN（Convolutional Neural Network）を用いた場合の具体的な手順を**図7-2**に示します。現場で取得した、所望の品質の検査結果と工程や設備の生産パラメーターの値を大量に集めてデータ化します。このデータを、推論モデルを学習させるためのデータと、推論した結果を評価するためのデータに分けます。

次に前者のデータから、所望の品質と生産パラメーター間の関係を学習させて、推論モデルを得ます。この推論モデルに対象データの生産パラメーターを

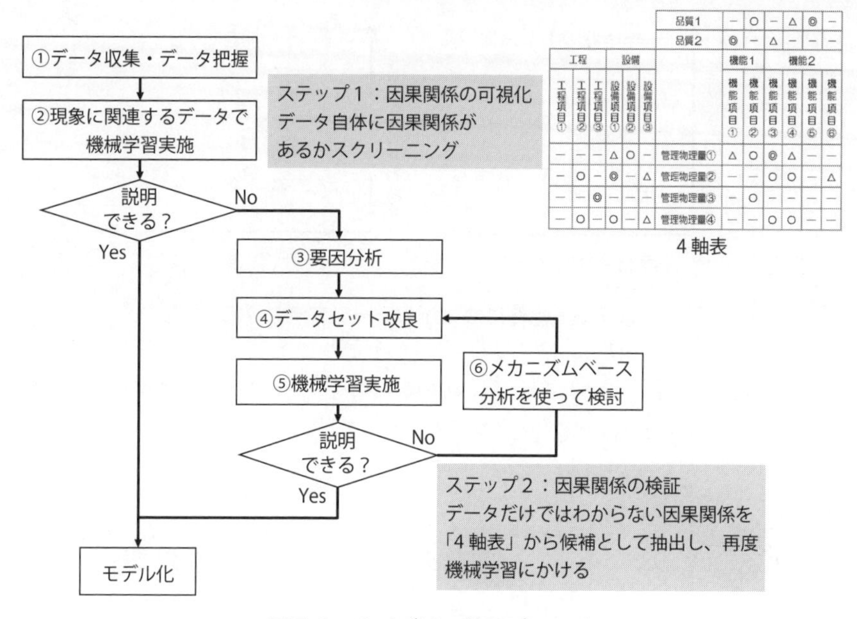

工程			設備				機能1		機能2			
						品質1	－	○	－	△	◎	－
						品質2	◎	－	△	－	－	－
工程項目①	工程項目②	工程項目③	設備項目①	設備項目②	設備項目③		機能項目①	機能項目②	機能項目③	機能項目④	機能項目⑤	機能項目⑥
－	－	－	△	○	－	管理物理量①	△	○	◎	△	－	－
－	○	－	◎	－	△	管理物理量②	－	－	○	○	－	△
－	－	◎	－	－	－	管理物理量③	－	○	－	－	－	－
－	○	－	○	－	△	管理物理量④	－	－	○	○	－	－

図7-1　ハイブリッドアプローチ

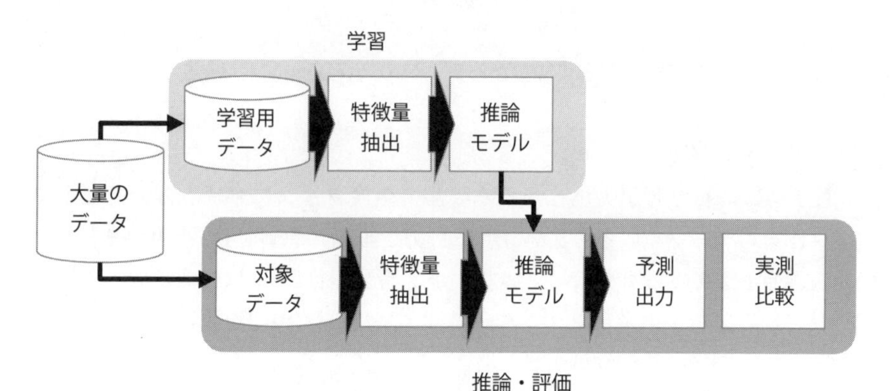

図7-2　品質につながるデータのスクリーニング手順

入力し、予測出力（予測品質）を求めます。最後に、この予測出力と対象データの品質（正解）の相関を見ます。この相関から、該当する生産パラメーターについて、所望の品質を推定する上での学習対象としての妥当性を評価するこ

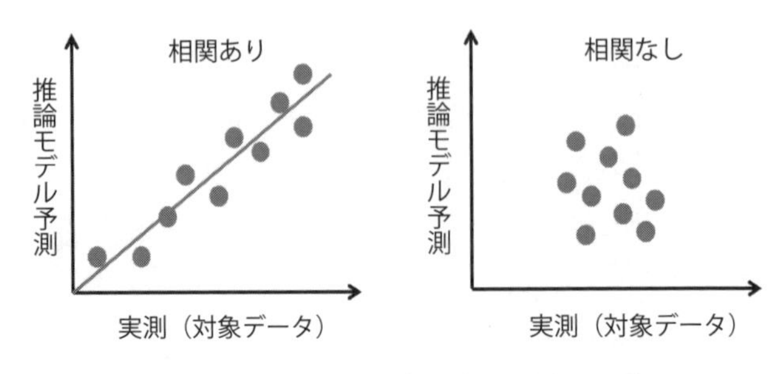

図7-3　品質につながるデータ有無の評価

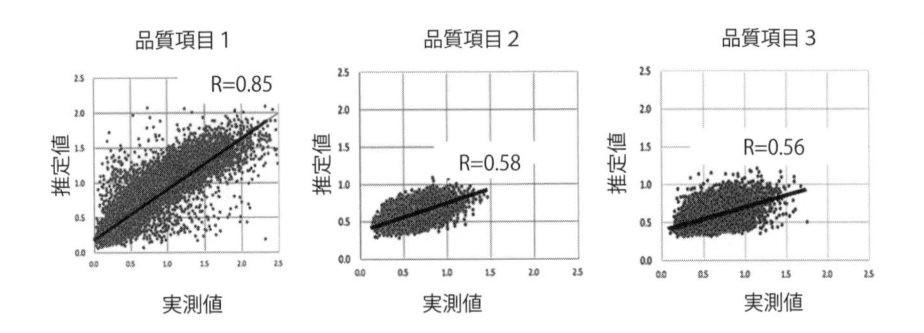

図7-4　品質につながるデータのスクリーニング結果

とができます（**図7-3**）。

図7-4は、私たちが実施したある製品の生産ラインにおける分析の結果です。12万のデータを収集し、学習用に11万、推論・評価で1万を用いました。品質項目1は高い相関を示していますが、品質項目2と3は相関が低く、取得されている工程・生産パラメーターには、品質項目2と3を説明できる情報が含まれていないことがわかります。

そこで図7-1のフローに従い、この生産ラインにおける品質に関してメカニズムの検討を行い、作成したものが**図7-5**の4軸表です。この4軸表から、図7-4の結果を考察してみます。

まず、品質項目1はサブ機能Bの機能項目3、物理項目1と2を介して、工程項目1/2/4/5/7につながっています。この工程項目は12万のデータ収集を行った際の測定・評価項目であり、このデータをもとにした推定モデルが、実際の

							品質項目 1			◎		
							品質項目 2		○		◎	◎
							品質項目 3	◎	◎		△	
サブ工程 A				サブ工程 B			品質	サブ機能A		サブ機能B		
工程項目1	工程項目2	●工程項目3	工程項目4	工程項目5	●工程項目6	工程項目7	工程／機能／物理	機能項目1	機能項目2	機能項目3	機能項目4	機能項目5
◎				△		○	物理項目 1		○	◎		
△	○		△	◎		△	物理項目 2			○		
	△	◎		○			●物理項目 3				○	△
△	△	◎	△				●物理項目 4	◎	○			○
			△		◎		●物理項目 5		◎		△	

図7-5　対象の生産ラインの品質に関する４軸表

評価との相関が高くなることを裏づけています。

一方、品質項目2は、機能項目2/4/5、物理項目1/3/4/5を介して、工程項目1から7までと関連しているのですが、黒丸のついた工程項目3と6は12万のデータに含まれていませんでした。品質項目3についても同様に、工程項目3と6につながっています。したがって、工程項目3と6をデータに追加する、または中間特性として物理項目3/4/5を追加することで、品質項目2と3の相関が向上することが期待されます。図7-5の4軸表は、この時点では仮説でもかまいません。追加すべき項目を検討し、再学習をかけて図7-3の相関の再評価を行います。

このような検討プロセスで、**品質項目を矛盾なく説明できる工程項目や物理的な中間特性を追い込んでいく**ことができます。また、このプロセスによって得られた4軸表で、推定されたモデルの入力（工程項目・物理項目）と品質間のつながりを担保することが可能になります。

7.3 1DCAEとの連携

本章の冒頭で述べたように、DX実現のために1DCAEを技術開発や製品設計に導入する企業が増えています。1DCAEのソフトウェアはオープンソースから有償のものまで種々ありますが、以下のような機能を持っているものが一般的です[26]。

機能1：さまざまな分野の工学ライブラリがあらかじめ用意されている
機能2：ライブラリの部品をグラフィカルに配置・結線することでモデルを作る
機能3：作成したモデルの出力をシミュレーションできる

図7-6は、モーターの放熱に関して作成した1DCAEモデルの例です。また、この放熱に関わるモーターの構造を**図7-7**に示します。

モーターを回転させるため巻き線に電流を流すと、巻き線抵抗に応じた損失（発熱）が生じます。これが銅損です。また、鉄心に磁界が作用する際に生じる損失を鉄損と呼びます。この他に軸受などの摩擦熱などによる機械損があるのですが、このモデルでは考慮していません。

このモデルを使って、**表7-1**の設定値で巻き線と鉄心の温度の応答をシミュレーションした結果が**図7-8**になります。鉄損は500［W］一定とし、銅損は600［秒］を1周期として、0-360［秒］までが100［W］、360-600［秒］までが1000［W］と切り替わります。

モデルの中の発熱量や熱伝達、熱コンダクタンス、熱容量などを変えることによって、温度上昇が飽和に達する温度、時間などを把握することができます。

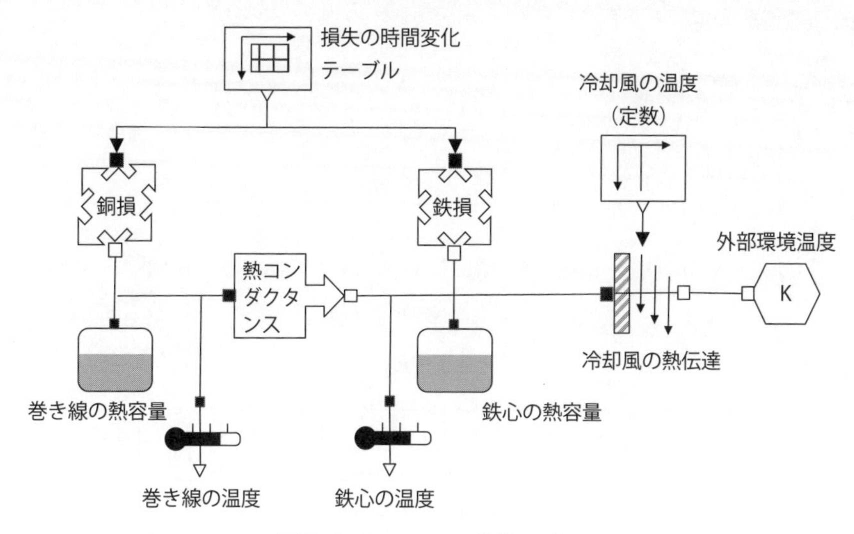

図7-6　モーターの放熱モデル

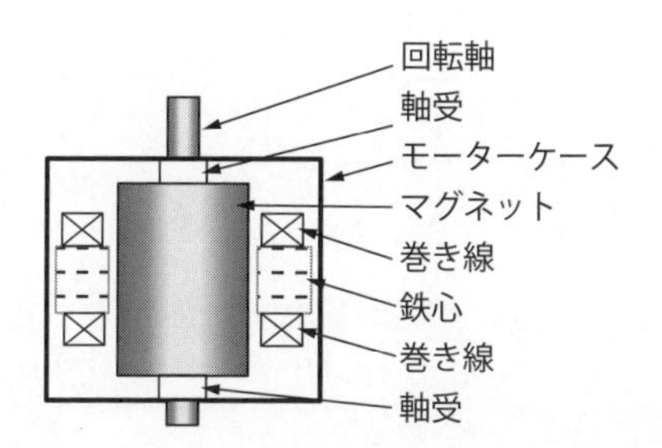

図7-7　モーターの放熱に関わる構造の概要

表7-1　モデルの設定値

設定項目	値
巻き線の熱容量［J/℃］	2,500
鉄心の熱容量［J/℃］	2,5000
巻き線と鉄心間の熱コンダクタンス［W/℃］	10
空気への熱伝達率［W/m^2℃］	25
空気の温度［℃］	20

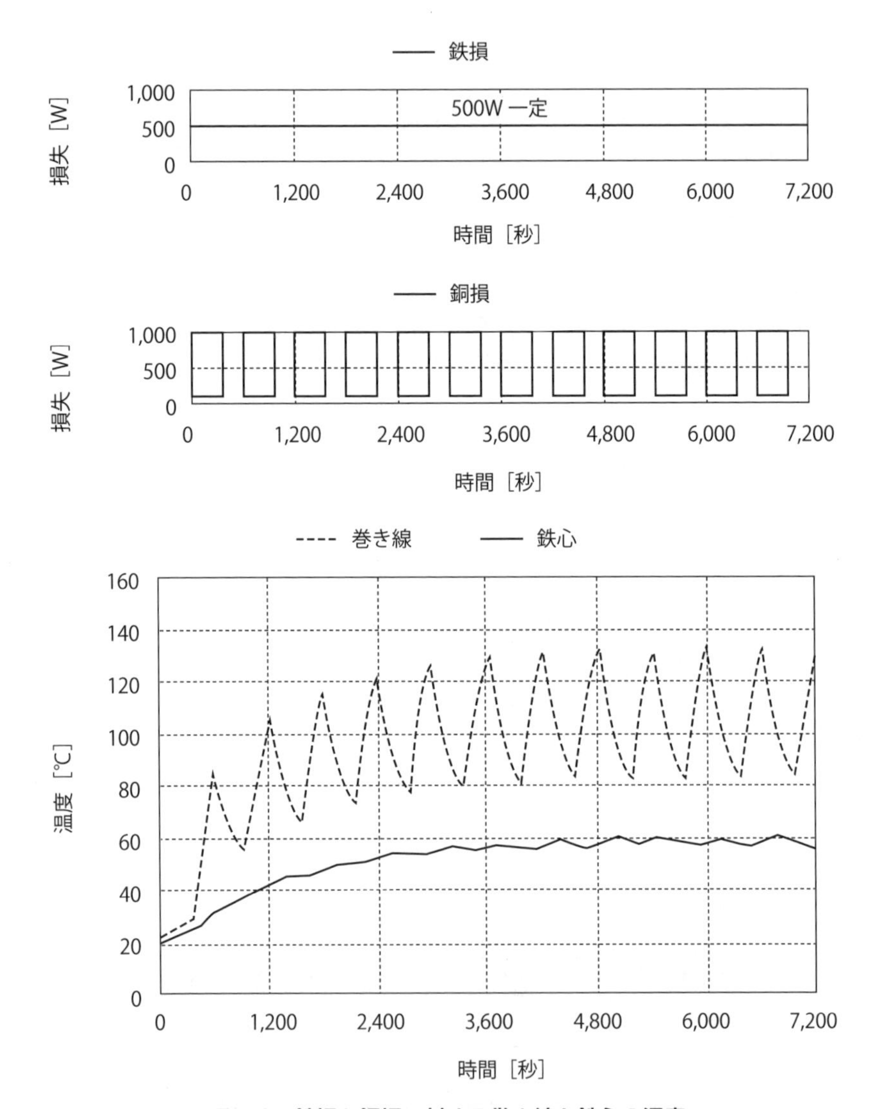

図7-8　鉄損と銅損に対する巻き線と鉄心の温度

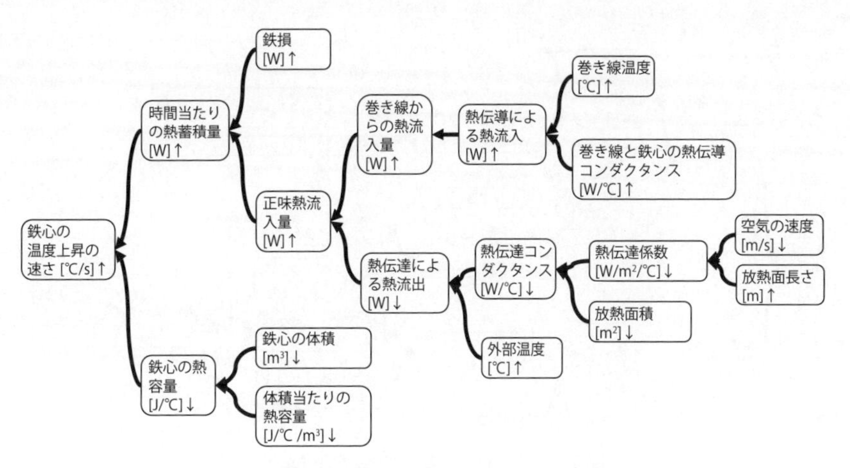

図7-9　鉄心の温度上昇の速さに関するMDLT

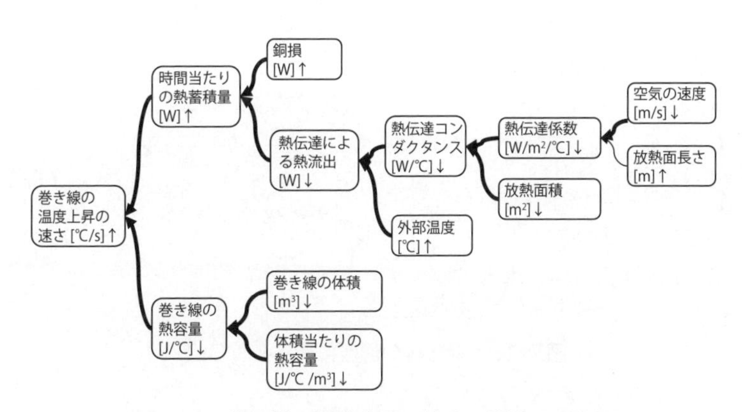

図7-10　巻き線の温度上昇の速さに関するMDLT

この1DCAEモデルを作るに当たって、4.1.3項の熱問題のテンプレートから作成したのが**図7-9～図7-12**のMDLT（メカニズム展開ロジックツリー）です。巻き線と鉄心について、温度上昇の速さと定常状態に達したときの温度のMDLTをそれぞれ作成しました。

これらのMDLTから事象の理解を深め、図7-6のモデルを作成するとともに、図7-8の巻き線の銅損の時間変化に対する、鉄心と巻き線の温度変化の応

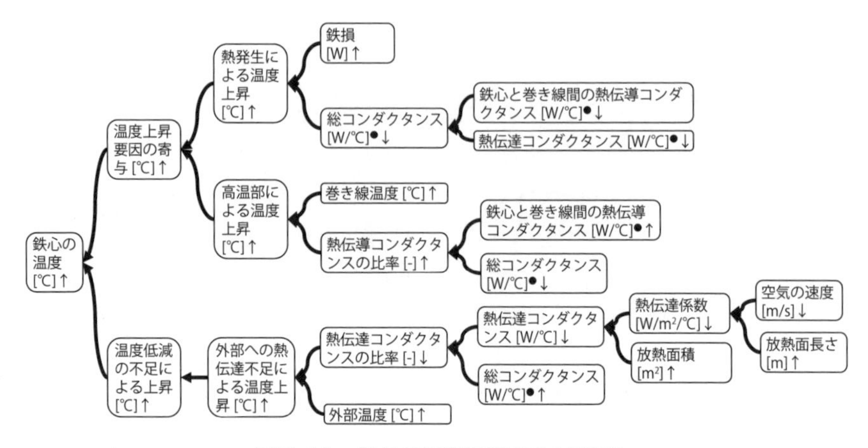

図7-11　鉄心の温度に関するMDLT

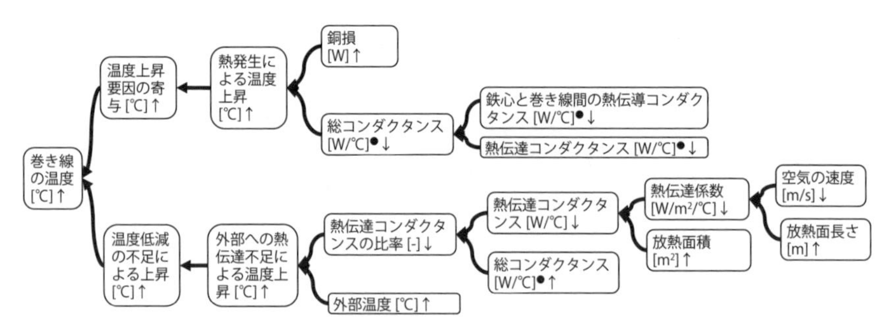

図7-12　巻き線の温度に関するMDLT

答速度の違いや、最終的に平衡に達する温度を決める要因のつながりを解釈することができます。

1DCAEは、まだ製品の形状が決まっていない設計の上流で、求められている品質をどのような技術手段で発現させるかを検討することが目的です。その目的のために、私たちは1DCAEとMB-QFD（メカニズムベースQFD）を併用しています。品質から機能、物理、設計項目までのつながりで、**発現すべき基本機能の仮説を検討**し、この**仮説の妥当性を1DCAEのモデルによって定量的に検証**することができます。

第8章

ツール、ルール、ロール：人とITが協調するシステムによる働き方改革

> Our business goal is to achieve better understanding among men through better communications[i].
>
> Joseph C. Wilson

本章では、TD²M（Technology Data & Delivery Management）という仕組みを「ツール」「ルール」「ロール」の3つの視点でどのように運用し、アナログからデジタルへのパラダイムシフト、**デジタルトランスフォーメーション（DX）による働き方改革をどのように推進したか**について紹介します。

8.1 DXとパラダイムシフト

2020年に入り、新型コロナウイルスCOVID-19が世界中に流行し、3密を避

i　Xeroxの創業者Joseph C. Wilsonの経営哲学であるゼロックスフィロソフィーを表現したもので、富士ゼロックスのCSRの原点になっています。著者もXeroxスピリットとしてこの言葉を大事にし、企業活動を進めてきました。

けるためにソフトウェアエンジニアだけでなく機械・エレキのエンジニアも、リモートワークや在宅勤務が当たり前になっています。このため、**日本企業が得意としてきた3現主義**「現場：現場に足を運ぶ」「現物：現物を手に取る」「現実：現実を自分の目で見る」を通じた改善が難しくなってきました。このリモートワークや在宅勤務を実施するにおいて、第7章でも述べた業務のデジタル化すなわちDXが必須となります。

DX推進のキーポイントは何でしょうか？　それは**エンジニア全員が**アナログからデジタルへ考え方を変え、**働き方変革をするR&D組織のパラダイムシフト**であると私たちは考えます。神戸大学の加護野名誉教授は組織認識論[27]において、「基本的メタファー[i]」「日常の理論」「見本例」の3層構造でパラダイムを論じています。

基本的メタファー：組織の共通認識
日常の理論　　　：意思決定/行動の指針
見本例　　　　　：見本となる典型事例

ここでは、「見本例」が生まれ、組織メンバーがその事例に価値があると感じることでその「見本例」を実現するような意思決定/行動の指針となる「日常の理論」が生まれ、「日常の理論」が言葉の通り日常化することで「基本的メタファー」が構築されます。一度「基本的メタファー」が構築されると、その「基本的メタファー」に従い「日常の理論」が正当化され、今ある「見本例」が正当化されたり新しい「見本例」が作られたりします。このサイクルを通じて、3層構造のパラダイムが維持・強化されていきます。このため、一度企業の中にでき上がったパラダイムを壊して新しいパラダイムにシフトすることは難しくなります。以下のコラムにおけるトヨタ自動車の例に示すように、トップマネジメントがビジョンやコンセプトを継続的に発信するとともに、ミドルマネジメントや推進組織が意思決定や行動指針を目に見える見本例として現場に展開する、双方向のコミュニケーションが重要になります。

---

i　メタファー：隠喩、暗喩とも言い、伝統的には修辞技法のひとつとされ、比喩の一種でありながら、比喩であることを明示する形式ではないもの（Wikipediaより）

COLUMN

パラダイムとは?

パラダイムを、「ある時代のものの見方・考え方を支配する認識の枠組み」[i]と大辞林では定義しています。企業においては、役員、部課長、メンバーなど業務に従事する人（＝組織）の根本的な考え方のベースがパラダイムと言えます。

トヨタ自動車の豊田章男社長は、「トヨタ"イズム"」[ii]すなわち「もっといいクルマづくり、それを支えるトヨタ生産方式（TPS）という哲学」をテレビCMなどで紹介しています（**表8-1**）。この「トヨタ"イズム"」という共通認識こそが、トヨタ自動車株式会社、ひいてはトヨタグループのパラダイムと考えられます。

某鉄鋼メーカーで起きた品質データ改ざんも、改ざんに関係した組織では、データの書き直しをしても問題ないというパラダイムができ上がっていたと考えられます。この場合、「検査データの数値をあるルールに従い変更する」という日常の理論や、修正済み検査シートのような見本例が存在していたのかもしれません。

表8-1　トヨタ自動車におけるパラダイムの事例

パラダイムのレベル	トヨタ自動車の例
基本的メタファー	トヨタ生産方式（Just in time）、 ニンベンのついた自働化
日常の理論	後工程はお客様、リードタイム追求
見本例	からくり、あんどん

8.2 人とITが協調するTD²Mによる実践コミュニティ

私たちは、TD²Mを推進するに当たり、主役である技術者同士がコミュニケーションを行い、実践するコミュニティ（実践コミュニティ[28]）として成長していくことを考えました。この実践コミュニティを実現する上では「ツー

i　脚注デジタル大辞泉より

ii　https://toyotatimes.jp/insidetoyota/morizo/004.htmlより

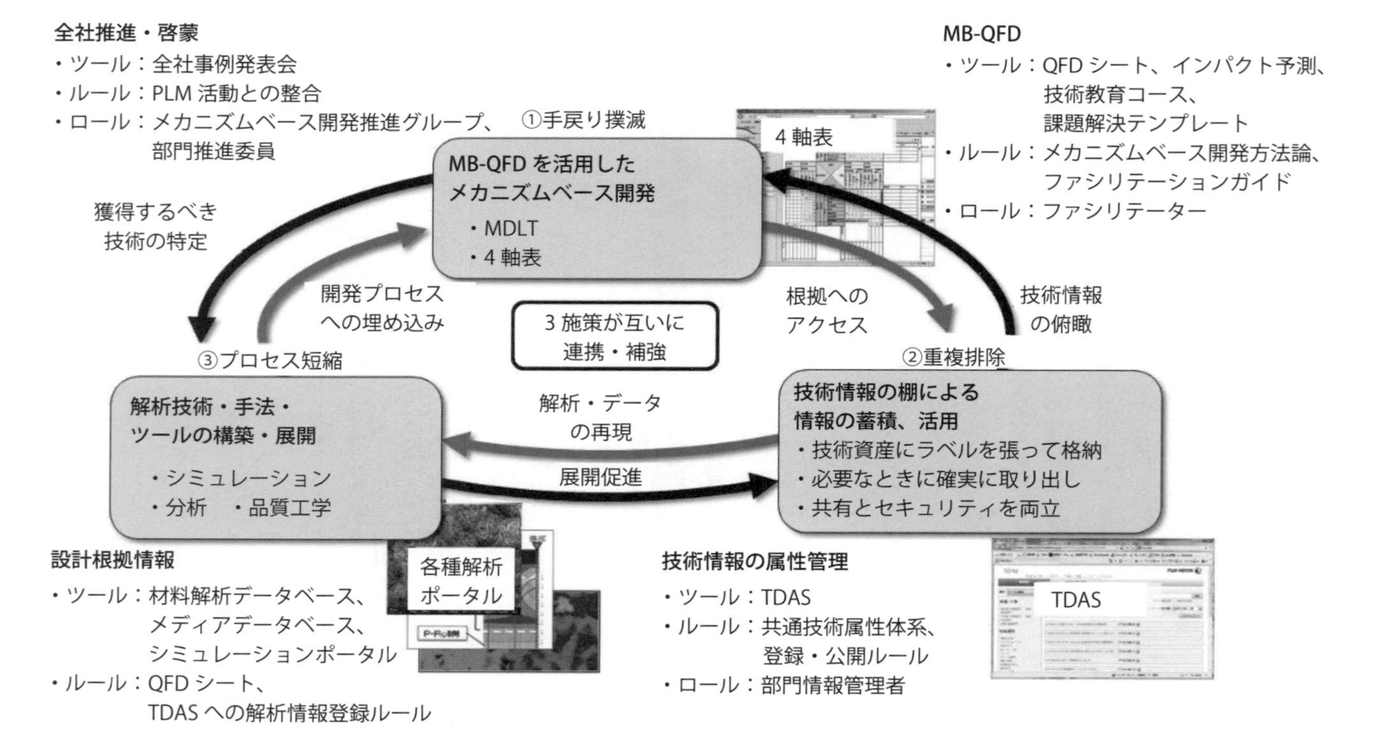

図8-1　ツール、ルール、ロール三位一体の仕組みづくり

ル」「ルール」「ロール」が重要である[27]ということを知り、TD²Mという仕組みとコミュニティの関係を検討しました。ここでのツール、ルール、ロールは以下のように定義しました。

ツール：ITツールに限定されないコミュニティやTD²M運用のための道具
ルール：コミュニティを成立、TD²Mを維持する規則
ロール：コミュニティとTD²M運営に必要な役割

そして、**図8-1**に示す「ツール」「ルール」「ロール」三位一体で連携させる各施策を実施し、**人とITを協調するシステムとしてTD²Mを位置づけ**、実践コミュニティを根づかせる活動を展開しました。

以下、展開したツール、ルール、ロールの概要を紹介します。

COLUMN

実践コミュニティ

「コミュニティ・オブ・プラクティス」[26]では、実践コミュニティを「あるテーマに関する関心や問題、熱意などを共有し、ある分野における知識や技能を、持続的な相互交流を通じて深めていく人々の集団」と定義し、他の組織との違いを**表8-2**のように表しています。

この本の中で、1990年代のクライスラーの復活に貢献した、専門分野ごとに存在する「テック・クラブ」という実践コミュニティを紹介しています。この実践コミュニティには、法令順守基準やベスト・プラクティスなどが記録されたエンジニアリング向けの「EBOK（エンジニアリング・ブック・オブ・ナレッジ）」や「設計検討会」などのツールがあり、「専門コーディネーター」やEBOKの「寄稿者」というロールが存在しています。この他、各種「テック・クラブ」を承認するなどのルールがあり、メンバーがこの場を通じて学習するとともに、さまざまな業務改善を通じて業績に貢献しています。

また、一橋大学の野中郁次郎名誉教授は、この本の解説で実践コミュニティと場の関係を述べています。両者とも人中心であることや、実践コミュニティは自主的に集まった学習する集団であり、場は知識創造を促進する共有された文脈であり両者は相補的であると説明しています。この実践コミュニティと場をつなぐのは対話、コミュニケーションになります。

表8-2　実践コミュニティと他の組織の違い[i]

	目的は何か。	メンバーはどんな人か。	境界は明確か。	何をもとに結びついているか。	どれ位の期間続くか。
実践コミュニティ	知識の創造、拡大、交換、および個人の能力開発	専門知識やテーマへの情熱により自発的に参加する人々	曖昧	情熱、コミットメント、集団や専門知識への帰属意識	有機的に進化して終わる（テーマに有用性があり、メンバーが共同学習に価値と関心を覚える限り存続する）
公式のビジネスユニット	製品やサービスの提供	マネジャーの部下全員	明確	職務要件および共通の目標	恒久的なものとして考えられている（が、次の再編までしか続かない）
作業チーム	継続的な業務やプロセスを担当	マネジャーによって配属された人	明確	業務に対する共同責任	継続的なものとして考えられている（業務が必要である限り存続する）
プロジェクトチーム	特定の職務の遂行	職務を遂行する上で直接的な役割を果たす人々	明確	プロジェクトの目標と里程標（マイルストン）	あらかじめ終了時点が決められている（プロジェクト完了時）
関心でつながるコミュニティ（コミュニティ・オブ・インタレスト）	情報を得るため	関心を持つ人ならだれでも	曖昧	情報へのアクセスおよび同じ目的意識	有機的に進化して終わる
非公式なネットワーク	情報を受け取り伝達する、だれがだれなのかを知る	友人、仕事上の知り合い、友人の友人	定義できない	共通のニーズ、人間関係	正確にいつ始まり、いつ終わるというものでもない（人々が連絡を取り合い、お互いを忘れない限り続く）

8.2.1　全体推進・啓蒙

品質工学を推進するグループの機能を拡張し、開発生産性推進グループと名称変更を行い、**TD²M、品質工学、解析の3本柱でメカニズムに基づく開発を推進する組織**（ロール）として位置づけ、推進リーダーとなる常務直下において、R&D部門全体に対して推進・啓蒙を行いました。そして各部門から代表者（ロール）を選出し、推進委員会（ツール）を毎月開催してベストプラクティスや悩みごとの共有、さらにツールの展開を進めました。

また、年1回開催される技術発表会や社外向けに社内のプロセス改革を紹介する場もツールとして活用し、メカニズムに基づいた開発の考え方や効果事例を社内外に紹介[ii]して、コンセプトを啓蒙するとともに経営者からの認知を得

i　「コミュニティ・オブ・プラクティス」表2-2より引用

ii　富士ゼロックスでは当時、言行一致という名称で、社内で効果のあった改革事例をソリューションとしてお客様に提供していました。

ました。この他、QFDシンポジウム[i]や富士ゼロックステクニカルレポート、技術のプレスリリース、設計製造ソリューション展などへもTD²Mを紹介するとともに、**お客様へもメカニズムベース開発のソリューションを展開**しました。そして社外の知見者からのフィードバックも取り入れ、TD²Mを人とITが協調するシステムとして発展させてきました。

8.2.2 メカニズムベースQFD（MB-QFD）

ITツールとして、MDLT（メカニズム展開ロジックツリー）と4軸表から構成されるQFDシートを開発しました。その中で、4軸表のインパクト予測を活用することにより、設計パラメーターや物理現象がどの品質とどのように関連しているか、正の相関なのか負の相関なのか一目でわかるようにし、4軸表の効果をアピールしてきました。

当初、4軸表のみを編集・可視化するMicrosoft® Excelと連携した専用のシステムを構築しMB-QFDを展開していましたが、4軸で考えるやり方が手法として明確でなく、品質工学などの既存の手法と違っていたこともあり、なかなか普及しませんでした。このため、ルールとして**メカニズムベース開発の方法論**のガイダンスを作成するとともに、MB-QFDを**社内で技術教育する「品質機能展開応用」コース**を、玉川大学の大藤教授にもアドバイスをいただきながら立ち上げ展開しました。この教育コースでは、土産物屋にある首を上下に振るキツツキのおもちゃをベースとして物理メカニズムとは何か、4軸表とは何かを学べる誰にでもわかる親しみやすい教材を作成しました（**図8-2**）。

その後、トラブル解析のために各部門で利用されていたFT（Fault Tree）図に着目し、そのFT図でメカニズムを記述して4軸表に展開するWebツールを開発し展開しました。このツールは当初、ある研究者がメカニズムに基づき課題解決するために自作したプロトタイプでしたが、使い勝手が非常に良いため「このツールを使いたい」という技術者が増え、草の根的に普及していきました。このメカニズムを記述するツリー図をMDLTと名づけ正式展開することとし、どのようにこのMDLTを作成するかのルールをメカニズムベース開

i　日科技連主催で毎年開催される品質機能展開のシンポジウムです。

キツツキのおもちゃの板ばねの「長さ」を変えた場合の影響を予測

「長さ」を選んでインパクト予測
影響の強さを赤色の濃さで表示

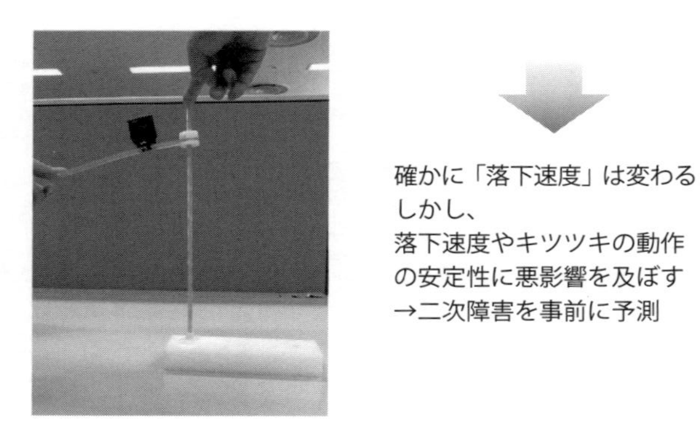

確かに「落下速度」は変わる
しかし、
落下速度やキツツキの動作
の安定性に悪影響を及ぼす
→二次障害を事前に予測

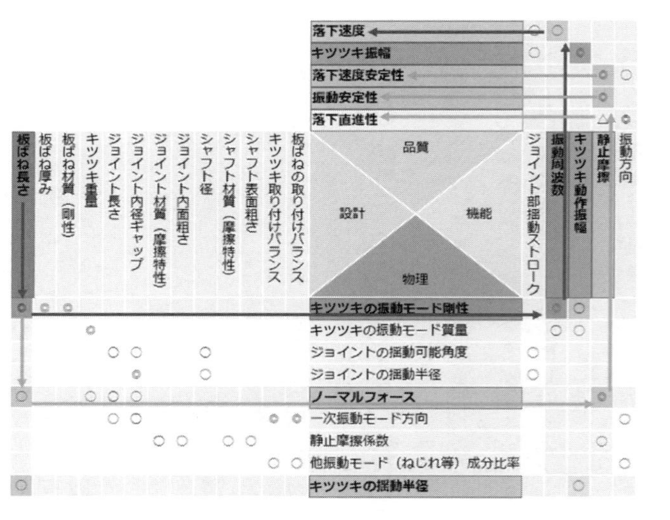

図8-2　キツツキのおもちゃでの４軸表とインパクト予測の例

発の方法論として拡張し、教育コースにも展開していきました。

このような地道な活動を続けることで、当初4軸表を否定していた開発部門でもメカニズムに基づく開発の効果事例が出始め、普及が促進しました。普及をさらに促進するには、メカニズムに基づく開発をリードする人材（ロール）が必要と考え、**R&D各部門でのファシリテーターを育成**するとともに、この開発を具体的に進めるためのファシリテーターガイド（ルール）を作成し展開を進めています。この他、見本例を用いてメカニズムベース開発を進められるように、第4章や第5章で紹介したようなよく利用されるMDLTのテンプレートの作成・公開も進めています。

8.2.3　技術ドキュメントアーカイバー：TDAS

技術情報を属性として管理するITツールとして、TDAS（技術ドキュメントアーカイバー）を構築しました。各技術情報に付随する属性情報を統一化するために、社内用語を整理して「品質」「機能」「物理」「設計」などの4軸の名称や「技術カテゴリー」「プロダクト名」などの**共有技術属性体系のルールを設定する**とともに、同じ目的を持った技術者で共有する属性を定義する属性セットの仕組み（ルール）を構築し、この属性セットを部門管理者（ロール）が維持・運用することとしました。たとえば、シミュレーション技術者であれば、解析対象を表す「サブシステム」属性、4軸に対応した「品質」「機能」「物理」「設計」属性、有限要素法、粒子法などの「シミュレーション技術」属性、シミュレーターの名称などの「ツール名」属性などが、属性セットに登録され、共有されます。

8.2.4　解析ツールのデータベース構築

解析技術・手法・ツールの展開のために、各種材料を解析したデータベース、現像、転写、定着など各電子写真サブプロセスをシミュレーションするツールを集めたポータル、コート紙、標準コピー紙などコピー用紙に関する情報をデータベース化したメディアデータベースなど、**各種解析情報を活用するツール群を用意しました**。また、これらの解析情報をQFDシートに登録する方法（ルール）や技術ドキュメントアーカイバーに登録する属性情報（ルール）を定義しました。

このように、私たちはTD²Mを単なるITツールとしてではなく、教育パッケージ、課題解決テンプレートや展示会などのコミュニケーションツール、メカニズムベース開発の方法論などのルール、ファシリテーターや情報を管理するロールなど、ツール、ルール、ロールを三位一体で成長させながら普及させてきました。

8.3 5ゲン主義によるDXと働き方変革

富士ゼロックスでも、以前のアナログのKKD（勘と経験と度胸）の開発からデジタルのメカニズムベース開発へパラダイムシフトするのに、かなり長い時間を必要としました。ファシリテーターや推進委員会などのロール、メカニズムベース開発の方法論などのルール、MB-QFDやTDASなどのツールが三位一体となったTD²Mを整備し、第3章に紹介したような効果事例を見本例として展開し、継続的に粘り強くこの活動を続けてきました。

メカニズムに基づく開発が根づいてきたと私たちが感じたのは、技術開発組織内の会話の中に「2軸（である機能）を考えたか?」「3軸の物理量はおかしくない？」などのフレーズが頻繁に出てきたときです。キーとなる「品質事象」「機能軸」「管理物理量」「2分岐」など、MDLTの言葉が日常の技術者のコミュニケーションの中に現れ、日常の理論が構築されたと判断しました。このように、パラダイムシフトを実現する上では、**コミュニケーションを通じて日常の理論が構築されていく**ことが重要になり、技術が「見える」「使える」「残せる」コンセプトを実現するTD²M（MB-QFD、技術情報の属性管理）は、そのためのコミュニケーションメディアとなります。

最後に、3現主義を活かしたDX推進に関して、私たちの考えを紹介します。IoTを通じて「現物」のさまざまなデータが「現場」から入手でき、AIなどを活用して正しく解析することで「現実」が見えてきます。この際に重要なことは、正しく解析して「現実」を評価・改善することで、生産経営研究所の古畑友三氏の提唱する5ゲン主義[30]（現場・現物・現実＋原理・原則）がその基本になると考えます。古畑氏が“5ゲン主義の提唱者、モノづくり日本の再生を期す～現場、現物、現実、原理、原則～[i]”で述べているように、3現主義だけでは意思決定の基準が示されておらず、基準となる原理・原則が必要になります。

◇３現＝現場・現物・現実

◇２原＝原理：多くの現象が説明できる理論・原則：基本的な規則

メカニズムベース開発において、品質を発現するメカニズムが原理そのものであり、メカニズムベース開発を支える「日常の理論」となるコミュニケーションが重要になります。在宅勤務やリモートワークでは、現場と離れ現物に触れないメンバーも参加して協働活動を行うこととなり、離れていても同じ認識を持ちながらコミュニケーションする必要があります。

本書では、章の冒頭に示したゼロックスフィロソフィー「我々のビジネスの目標は、より良いコミュニケーションを通じて、人間社会のより良い理解をもたらすことである」を念頭に置き、コミュニケーションを大事にして活動を進めてきたメカニズムベース開発とTD^2Mを紹介してきました。DXを今後推進する上では、原理・原則を尊重することが必須となります。この本で紹介した内容が、今後の品質改革や働き方の変革のヒントになれば幸いです。

---

i　5ゲン主義の提唱者、モノづくり日本の再生を期す ～現場、現物、現実、原理、原則～（https://www.u-fukui-kogyokai.com/pdfs/project-x-13.pdf

おわりに

本書では、メカニズム展開による品質と設計根拠の関係が「見える」「使える」「残せる」コンセプトを紹介し、社内の事例、さらには現場で使えるテンプレートやDXに向けた考え方を説明してきました。紙面の都合もあり、事例や考え方に関しては概要のみの記載になっているパートもありますが、方法論のパートはなるべく詳細に記述することを心掛けました。機能や物理メカニズムに着目し、目的に合わせてテンプレートや事例を参照し、実際に起きている品質課題の解決を仲間とコミュニケーションをしながら進めていただければと思います。

なお、本書の内容の改善や、適用の議論を共有できるようFacebook（https://www.facebook.com/qfd.mech.9）を用意しました[i]。こちらもご利用ください。

DXの潮流に遅れることなく、Japan as No.1や日本品質と言われた製造業が一日も早く復活することを祈念します。

i　本アカウントは予告なく閉じさせていただくことがあります。ご了承ください。

謝 辞

メカニズムベース開発を推進および本書を執筆するに当たり、富士ゼロックス株式会社大西康昭元常務執行役員、市村正則元常務執行役員に絶大なる支援をいただきました。また、玉川大学名誉教授の大藤正先生には、品質機能展開の基本を教えていただき、メカニズムベースQFDに関していろいろアドバイスいただきました。深く感謝申し上げます。

また、メカニズムベースの開発手法の構築・展開、事例構築、社外への紹介およびTechnology Data & Delivery Managementの開発・展開には、画像形成材料事業部、モノ作り本部、デバイス開発本部、基盤技術研究所、システムエンジニアリング部などの部門長、マネージャーをはじめとした多くのメンバーに協力いただきました。非常に多くの方々に支援いただき、社内の開発部門で利用されるとともに、社外のお客様へ展開することもできました。

深く感謝します。ありがとうございました。

参考文献

1 「なぜ今、世界のビジネスリーダーは東洋思想を学ぶのか」、田口佳史著、文響社、2018/9/28

2 「ものづくり経営学 製造業を超える生産思想」、藤本隆宏・東京大学21世紀COEものづくり経営研究センター著、光文社、2007/3/1

3 「富士ゼロックスはなぜ開発の手戻りを6割減らせたのか」、富士ゼロックス開発・生産準備プロセス改革推進グループ著、日経BP社、2011/6/27

4 「大学」、宇野哲人翻訳、講談社、1983/1/6

5 「電子写真 プロセスとシミュレーション」、日本画像学会編、平倉浩治・川本広行監修、東京電機大学出版局、2008/6/20

6 「[実況] ロジカルシンキング教室」、グロービス著、嶋田毅執筆、PHP研究所、2011/5/31

7 「品質機能展開法(1) 品質表の作成と演習」、大藤正・小野道照・赤尾洋二著、日科技連出版社、1990/4/20

8 「QFD 企画段階から質保証を実現する具体的方法」、大藤正著、日本規格協会、2010/5/17

9 「本気で取り組むFMEA 全員参加・全員議論のトラブル未然防止」、上條仁著、日刊工業新聞社、2018/6/20

10 「小林陽太郎「性善説」の経営者」、樺島弘文著、プレジデント社、2012/4/1

11 「問題解決プロフェッショナル『思考と技術』」、齋藤嘉則著、ダイヤモンド社、1997/1/23

12 「コーチングの技術」、ヒューマンバリュー編著、オーエス出版、2000/5/30

13 「粘弾塑性モデルによる用紙カール矯正量予測シミュレーション技術の構築」、高橋 良輔・伊藤朋之・細井清・荻野孝、日本画像学会誌、51巻1号22-28、2012年

14 「メカニズムベース開発によるプラスチック成形の生産性向上」、曽我光英・安藤力・山川泰明・有働雄也、富士ゼロックステクニカルレポート No.27、2018年

15 「論語の一言」、田口佳史著、光文社、2010/4/20

16 「現代材料力学」、平修二著、オーム社、1970/4/30

17 「低騒音化技術」、中野有朋著、技術書院、1993/9/30

18 「エレクトロニクスのための熱設計完全入門」、国峰尚樹著、日刊工業新聞社、1997/7/18

19 「ボールねじの摩擦と温度上昇」、二宮瑞穂、NSKBearing Journal No.637、1978年

20 「ボールねじ送り駆動機構の高速化と高精度化に関する研究」、宮口和男、京都大学（博士論文）、2005/3/23

21 「トータルチューニングによるNC工作機械の性能向上に関する研究」、中川秀夫、京都大学（博士論文）、1997/3/24

22 「全文完全対照版 老子コンプリート」、野中根太郎著、誠文堂新光社、2019/2/5

23 「トコトンやさしい切削加工の本」、海野邦昭著、日刊工業新聞社、2010/10/25

24 「入門 タグチメソッド」、立林和夫著、日科技連出版社、2004/4/27

25 「DXレポート ITシステム「2025年の崖」克服とDXの本格的な展開」、デジタルトランスフォーメーションに向けた研究会、経済産業省、2018/9/7

26 「はじめてのModelicaプログラミング」、広野友英著、TechShare、2017/10/20

27 「組織認識論 企業における創造と革新の研究」、加護野忠男著、千倉書房、2011/4/1

28 「コミュニティ・オブ・プラクティス」、エティエンヌ・ウェンガー、リチャード・マクダーモット、ウィリアム・M・スナイダー著、野村恭彦監修、櫻井祐子訳、翔泳社、2002/12/17

29 「ボランタリー経済の誕生」、金子郁容・松岡正剛・下河辺淳著、実業之日本社、1998/1/7

30 「5ゲン主義 現場リーダーの心得 語り継ぐ“ものづくり哲学”」、古畑慶次著、日科技連出版社、2018/4/20

索 引

英数字

あ

か

さ

た

な

は

ま

や

ら

〈著者紹介〉

伊藤 朋之（いとう ともゆき）

富士ゼロックス株式会社　デバイス開発本部　マーキング開発部
1962年北海道札幌市生まれ。1988年北海道大学大学院工学研究科修了（修士）。1994 年米国 Columbia 大学大学院機械工学科博士課程修了（Ph.D.）。同年富士ゼロックス株式会社入社。以来、物理モデリングと数値計算による画像形成技術のメカニズム解析、およびメカニズムベース開発による開発生産性向上に従事。現在（2021 年 2 月）は、デバイス開発本部マーキング開発部にて TD^{2}M の構築・展開、およびシステムエンジニアリング部にて社外向けコンサルタント業務に従事。専門は流体工学、伝熱工学、計算工学。

笠間　稔（かさま みのる）

富士ゼロックス株式会社　研究技術開発本部　システム技術研究所
1966 年神奈川県横浜市生まれ。1991 年早稲田大学大学院理工学研究科修了（修士）。同年富士ゼロックス株式会社入社。2007 年慶應義塾大学理工学研究科後期博士課程修了（博士（工学））。複合機の振動 / 音 / 熱問題の解析と低減技術の研究に従事。現在（2021 年 2 月）は、研究技術開発本部システム技術研究所にて、製造業の業務プロセスにおける情報清流化の技術開発推進、およびシステムエンジニアリング部にて社外向けコンサルタント業務に従事。専門は振動工学、音響工学、伝熱工学、制御工学。

吉岡 健（よしおか たけし）

富士フイルム株式会社　インフォマティクス研究所、富士ゼロックス株式会社　研究技術開発本部　研究主幹
1961 年東京都武蔵野市生まれ。1983 年東京大学工学部機械工学科、1985 年同大学工学系研究科修了（修士）。1985 年富士ゼロックス株式会社入社。1998 年～2000 年 MIT スローン経営大学院客員研究員。2010 年～2019 年富士ゼロックス株式会社基盤技術研究所所長　兼　富士フイルムホールディングス株式会社解析基盤技術研究所研究マネージャー、2019 年から同社 AI 基盤技術研究所兼務、2020 年現職。専門は MOT、解析技術全般、プロセスモデリングおよび知識工学。

メカニズム展開で開発生産性を上げろ
品質と設計根拠が「見える」「使える」「残せる」
NDC509.63

2021年2月25日　初版1刷発行

©著　者　伊藤朋之
　　　　　笠間稔
　　　　　吉岡健
発行者　井水治博
発行所　日刊工業新聞社
〒103-8548　東京都中央区日本橋小網町14-1
電話　書籍編集部　03-5644-7490
　　　販売・管理部　03-5644-7410
　　　FAX　03-5644-7400
振替口座　00190-2-186076
URL　https://pub.nikkan.co.jp/
email　info@media.nikkan.co.jp

印刷・製本　新日本印刷

落丁・乱丁本はお取り替えいたします。　2021　Printed in Japan
ISBN 978-4-526-08112-5　C3053